AF532330

Franzius

FREDERICK DODSON

MIT DEM

LEADERSHIP COURSE

ZU INNERER STÄRKE, SOUVERÄNITÄT
UND POSITIVER FÜHRUNGSKRAFT

Ratgeber

Ein Buch aus dem FRANZIUS VERLAG

Cover: Simone C. Franzius
Bildlizenzen: shutterstock
Übersetzung aus dem Englischen: Franzius Verlag
Korrektorat: Sigrid Wohlgemuth
Verantwortlich für den Inhalt des Textes
ist der Autor Frederick Dodson
Satz, Herstellung und Verlag: Franzius Verlag GmbH
Druck und Bindung: BoD, Norderstedt

ISBN 978-3-96050-225-8

Die Deutsche Nationalbibliothek verzeichnet diese Publikation in der Deutschen Nationalbibliografie; detaillierte bibliografische Daten sind im Internet über http://dnb.dnb.de abrufbar.

INHALT

Rechtlicher Hinweis

Dieses Buch führt keine Diagnosen, Therapien, Behandlungen im medizinischen Sinne durch und es wird auch keine sonstige Heilkunde im gesetzlichen Sinne ausgeübt.

Das Buch ersetzt keine ärztlichen oder heilpraktischen Behandlungen. Für medizinischen Rat konsultieren Sie bitte einen qualifizierten Arzt.

Die Verantwortung für Ihre medizinische Versorgung liegt allein bei Ihnen.

Befinden Sie sich in psychotherapeutischer oder ärztlicher Begleitung oder nehmen Medikamente, so ist ein klärendes Gespräch mit Ihrem Arzt vor Anwendung der in diesem Buch geschilderten Maßnahmen nötig.

Es werden keine Heilversprechungen abgegeben.

Der Verlag und der Autor haften für keine nachteiligen Auswirkungen, die in einem direkten oder indirekten Zusammenhang mit den Informationen stehen, die in diesem Buch enthalten sind.

Einführung

Hier liegt Ihnen kein Buch lediglich zum Konsumieren vor, sondern dies ist ein Kurs zum Lernen und Üben. Wenn Sie diesen Ratgeber einmal lesen, werden Sie das meiste wahrscheinlich gleich wieder vergessen.

Sofern Sie die dargebotenen Übungen lediglich einmal machen, erinnern Sie sich vielleicht daran. Doch nur, wenn Sie mehrmals üben, werden Sie sich das Gelesene merken können. Üben Sie daher mehrmals und erleben Sie die Ergebnisse — und das Geübte wird zu Ihrer zweiten Natur.

Die in diesem Buch enthaltenen Lektionen sind kurz und bündig, werden jedoch Ihr Gedankengut verändern. Behandeln Sie diesen Unterricht daher mit größter Sorgfalt und Aufmerksamkeit.

In diesem Handbuch geht es nicht um Führung. Es gibt tatsächlich genügend Kurse und Bücher zu diesem Thema. Hier in diesem vorliegenden Ratgeber geht es um SIE als Führungsperson und Ihr *Sein*.

01 AUF WELCHER STUFE SIE SICH BEFINDEN

Auf dem Weg zur Höchstleistung durchläuft man verschiedene Stufen. Finden Sie mit Hilfe der nun folgenden Einteilung heraus, in welcher Phase Sie sich befinden und folgen Sie den Anweisungen, um zum nächsthöheren Level zu gelangen. Steigen Sie weiter auf der Skala auf, bis Sie die **Meisterschaft** erreicht haben.

Stufe 1: Verwirrung und Überwältigung

Sie sind unsicher, worum es in Ihrem Leben geht und was Ihre Werte sind. Sie wissen nicht, wie und worin Sie Ihre Zeit und das Geld investieren sollten. Sie können Ihre Aufmerksamkeit und die Fähigkeiten kaum bündeln, und der Erfolg scheint in weiter Ferne. Produktivität und Kreativität sind nicht vorhanden, da Ihre Aufmerksamkeit von einem Punkt zum anderen unstet wandert. Sie können lediglich reagieren oder befinden sich im »Wartemodus«. Ihre »Schwelle der Überforderung« ist so niedrig, dass Ihnen selbst kleine Besorgungen zu viel erscheinen.

Eine Empfehlung

Geben Sie sich selbst etwas Liebe und Fürsorge. In dieser Phase ist jedes Ziel besser als gar keines. Wählen Sie ein überschaubares Ziel und verstehen Sie, dass Sie Zeit, Aufmerksamkeit und Geld brauchen werden. Je weniger Sie von einem dieser drei Güter haben, umso mehr müssen Sie in ein anderes investieren. Machen Sie lange Spaziergänge. Erstellen Sie To-Do- und Prioritätenlisten und arbeiten Sie diese ab. Drücken Sie Ihr neues Engagement für Ihre Ziele sich selbst und anderen gegenüber aus. Sie müssen nun eine Menge arbeiten.

In meinem Buch »Levels of Energy«[1] repräsentiert diese Stufe die Level 0 bis 180.

[1] Auf Deutsch erschienen unter dem Titel: »Energie-Level - Eine spektrale Reise durch die Bewusstseinsebenen«.

Stufe 2: Harte Arbeit und Kampf

Sie arbeiten hart daran, sich über Level 1 zu erheben, aber es gibt viele Blockaden und Zweifel auf Ihrem Weg. Sie haben oft das Gefühl, aufgeben und etwas anderes ausprobieren zu müssen. Es ist schwierig, sich auf die anstehende Aufgabe zu konzentrieren. Sie hinterfragen alles und sich selber immer wieder, und benötigen Sicherheit, ob das, was Sie tun, angemessen ist. Trotz aller investierten Arbeit scheinen die Ergebnisse ungenügend. Ihre Ideen zu Erfolg, Leistung und Führung kommen von anderen. Sie testen vieles ohne echte Befriedigung zu finden.

Eine Empfehlung

Probieren Sie verschiedene Dinge aus, ohne Angst vor Fehlern zu haben. Je mehr Sie ausprobieren, desto mehr Fehler werden Sie machen. Anstatt sich für diese Fehler heruntezumachen, geben Sie diese einfach zu und schreiten Sie zielstrebig weiter auf Ihr Ziel zu. Ohne etwas zu versuchen, wird kein Erfolg erzielt. Sagen Sie nicht: »Ich werde das nur versuchen, wenn ich sicher bin, dass es gelingt.« Werden Sie kindlich in Ihrem Experimentieren. Wenn möglich, finden Sie einen Mentor, der jene Ergebnisse erzielt hat, nach denen Sie streben, und lernen Sie von ihm oder ihr.

In meinem Buch »Levels of Energy« wird diese Stufe durch die Level 190 bis 220 repräsentiert.

Stufe 3: Anfänglicher Erfolg

Kleine Ergebnisse Ihrer Arbeit werden hier und da erlebt. Diese kleinen Leckerbissen des Erfolgs helfen Ihnen, weiterzumachen. Sie interessieren sich dafür, Ihre Fähigkeiten zu verfeinern, die Kommunikation zu verbessern und die Produktivität zu steigern. Sie sind dabei zu lernen und am Lernen interessiert. Der Aufwand, der erforderlich ist, um Ergebnisse zu erzielen, kann manchmal entmutigend sein.

Die meisten Leute geben auf dieser Stufe auf und werden Arbeiter und Angestellte, das Gewicht der Verantwortung an andere delegierend und jemand anderem folgend, der den Weg weist.

Die Lösung

Lassen Sie sich nicht von diesen anfänglichen Schwierigkeiten entmutigen. Erstellen Sie für jedes herausfordernde Ereignis mehrere ermutigende Ereignisse. Werden Sie belastbarer. Organisieren Sie Ihre Ziele in einfachen oder kleineren Schritten. Finden Sie wiederholbare Muster, die funktionieren.

In meinem Buch »Levels of Energy« repräsentiert diese Stufe die Level 200 bis 260.

Stufe 4: Rückschlag und Frustration

In dieser Phase können Sie Rückschläge in Ihrer Unternehmung oder einen Einbruch in Ihrer Leistung erleben. Dies ist die dunkle Stunde vor dem Sonnenaufgang. Hier gibt es einiges an Frustration. Nämlich, weil Sie genau wissen, dass die Dinge funktionieren könnten, aber sie funktionieren nicht, wie Sie das erwartet haben.

Sie dachten, Sie wüssten was funktioniert, aber Sie scheinen nicht hart genug zu arbeiten oder unzureichend konsequent zu sein. Sie zweifeln viel und stellen sich häufig die Frage, ob die Ergebnisse zufällig sein könnten. Denn es scheint etwas zu fehlen.

Der weitere Pfad

Erkennen Sie, dass dies die dunkle Stunde vor der Morgendämmerung ist. Frustration zeigt Ihnen, dass *Sie wissen, dass* es funktionieren kann. Es ist nun an der Zeit, die harte Arbeit zu entschleunigen und einen besseren Überblick über die Dinge zu bekommen. Untersuchen Sie Ihre Grundüberzeugungen und emotionalen Muster. Lösen Sie inneren Widerstand und Sehnsucht (=Mangel).

Hören Sie auf, sich selber zu verurteilen und hart anzugehen. Werden Sie sich klar, was für Sie im Leben wirklich zählt. Hören Sie auf, sich auf Stimmen von außen zu verlassen, und gewinnen Sie Zugang zu Ihrer Intuition. Frischen Sie Ihr Engagement für Ihre Ziele und Visionen auf.

Erst wenn man einen Berg erklimmt, werden die Felsen zu Stufen. Stufen sind ein Indikator dafür, dass Sie klettern! Denken Sie daran, dass die Art und Weise, wie Sie eine kleine Sache tun, die Art ist, wie Sie alles tun (holographisches Prinzip).

In meinem Buch »Levels of Energy« repräsentiert diese Stufe die Level 200 bis 300.

Stufe 5: Stabile Leistung

Bestimmte Aufgaben und Anstrengungen werden zur Routine. Sie sehen, wie die Investition X (Menge von Aufmerksamkeit, Zeit und Geld) eine Menge Y der Ergebnisse produziert, obwohl Sie nicht ganz sicher sind, welche Investition zu welchen Ergebnissen geführt hat. Doch Sie sind in der Lage, bereits einige Ergebnisse als Folge bestimmter Erledigungen zu definieren. Sie stellen fest, dass Konzentration und Disziplin zum Erfolg führt aber dieser Erfolg auch zu mangelnder Konzentration und Disziplin führen kann.

Der weitere Pfad

Ruhen Sie sich nicht auf Ihren Lorbeeren aus. Wenn Sie nicht wachsen, wird weniger gedeihen. Betrachten Sie kleine Erfolge nicht als »Ich habe es geschafft«. Sie haben Ihre Vision noch nicht erfüllt. Bleiben Sie in Bewegung, investieren Sie weiterhin Zeit und Aufmerksamkeit. Beginnen Sie auch damit, sich anzusehen, welche Bemühungen zu langfristigen Ergebnissen führen. Halten Sie inne, damit Sie die laufenden Kosten bezahlen und das Gesamtbild betrachten können. Stellen Sie sich die Frage: »Wird das, was ich heute tue, mir und anderen in zehn Jahren noch nützen? Und in zwanzig Jahren?« Unterstützen Sie andere. Wenn Sie anderen helfen, erhöhen Sie sich selber.

In meinem Buch »Levels of Energy« repräsentiert diese Stufe die Level 250 bis 350.

Stufe 6: Optimismus und Zuversicht

Bei diesem Stadium fühlen Sie sich optimistisch, sowohl was Ihre Leistung und Ihre Produkte oder Dienstleistung als auch Ihr Leben und Ihre Zukunft angeht. Sie haben das Gefühl, dass Sie mit allem umgehen können, was auf Sie zukommt. Sie haben genug Energie zur Verfügung, um sich den Details zu widmen. Ihr Output steigt und die Qualität Ihres Outputs verbessert sich. Sie schaffen Werte, Sie optimieren Ihre Systeme und Muster. Sie sind im Flow, im Schwung. Es ist weniger Aufwand erforderlich, um ähnliche Ergebnisse zu erzielen. Ihre Bemühungen werden beginnen, sich in Ihrem finanziellen Status zu zeigen.

Der weitere Pfad

Behalten Sie Ihren Schwung bei. Definieren Sie höhere Schritte zu Ihrer Vision. Übernehmen Sie mehr Verantwortung. Werden Sie stärker als all das Zeug, das in das Feld Ihrer Wahrnehmung stürzt. Verbessern Sie Ihre Produkte und Dienstleistungen. Definieren Sie Ihre Prioritäten neu. Ändern Sie Ihre Aufmerksamkeit und investieren Sie immer weniger Zeit in Dinge, die keine Ergebnisse produzieren. Befähigen Sie andere Menschen, anderen zu helfen.

In meinem Buch »Levels of Energy« stellt dies diese Stufe die Level 270 bis 380 dar.

Stufe 7: Hohe Dynamik und Erfolg

Das Momentum hat sich in Ergebnisse geändert, die »von selbst« auftreten. Ein Status quo wurde erreicht, welcher mühelos immer mehr Erfolg anzieht. Kreativität und Produktivität steigen. Sie haben einen Status hinsichtlich von Fachwissen und Autorität erlangt.

Der weitere Pfad

Delegieren Sie Aufgaben und Verantwortlichkeiten an andere. Schaffen Sie eine sich selbst tragende Organisation. Standardisieren Sie Verfahren. Teilen Sie Ihre Vision mit großen Gruppen von Menschen.

In »Levels of Energy« repräsentiert diese Stufe die Level 380 bis 485.

Stufe 8: Macht

Ihre Gedanken oder Worte reichen aus, um umfangreiche Transaktionen, Änderungen und Ergebnisse zu erzielen. Nachdem bereits eine entsprechende Höhe des Erfolgs erzielt wurde, wechselt Ihre Aufmerksamkeit in Richtung Liebe und dem Dienst an der Menschheit.

Der weitere Pfad

Lassen Sie sich Ihren Erfolg oder Ihr hohes öffentliches Profil nicht zu Kopf steigen. Drücken Sie Dankbarkeit gegenüber einer Höheren Quelle aus. Fordern Sie eine intuitive Anleitung an. Stehen Sie in den Diensten der Menschheit. Freuen Sie sich des Lebens.

02 ANDERE ERMÄCHTIGEN

Sie lesen im Folgenden keine Bedienungsanleitung, wie man sich ausbeutet. Wichtig zu wissen ist, wo die Grenze ist, die jeder individuell erkennen und leben sollte. Zu geben macht glücklich, wenn man einige Regeln beachtet. Grundsätzlich gilt: Wenn Sie anderen Kraft schenken, ermächtigen Sie sich selbst. Während jeder nur von Selbstverwirklichung spricht, beginnen Sie damit, andere zu stärken. Wenn Sie aufhören, ein Sucher zu sein, und stattdessen ein Aspekt der Quelle allen Lebens werden, wird Ihr Einfluss wachsen.

Übung

Bitte listen Sie die Namen von zehn Personen auf, die Sie diesen Monat stärken könnten und denen Sie Hilfe, Aufmerksamkeit, Informationen, Ressourcen, Wissen, materielle Gegenstände oder mit Ihren Fähigkeiten Unterstützung schenken könnten. Dann notieren Sie in einem Kalender oder Zeitplan, bis zu welchem Tag Sie diese Unterstützung oder Ermächtigung erteilen.

Wenn Sie anderen geben, achten Sie bitte besonders darauf, sich selber keinesfalls zu schaden. Das Prinzip des Gebens hat nichts damit zu tun, sein eigenes Wohlergehen, seine Sicherheit oder Integrität aufzugeben. Das Prinzip des Gebens kommt aus einem Zustand, in dem Sie zu hundertprozentig erfüllt sind und fragen: »Was nun?«

Das Einzige, was jetzt übrigbleibt, nachdem Sie sich um sich selber gekümmert haben, stabil und glücklich sind, ist, dieses Glück mit anderen zu teilen. Und wenn Sie dies tun, wird Ihre Energie zunehmen.

Wenn sich Ihre Aufmerksamkeit vom Habenwollen und Nehmen von Dingen hin zum Geben verschiebt, werden Egozentrik und Hunderte von Problemen und Verstimmungen verschwinden.

Die Schlüsselfrage

Wie würde Ihr Leben aussehen, wenn Sie Ihre Aufmerksamkeit vom Erhalten zum Geben verlagern würden?

Übung

Listen Sie zehn Dinge auf, die Sie sich schon immer gewünscht haben. Überlegen Sie sich, wie sie diese Dinge anderen geben könnten. Wenn Sie Kunden haben wollten, denken Sie darüber nach, wie Sie jemand anderem Kunden vermitteln könnten. Was Sie geben bekommen Sie wieder verzehnfacht zurück.

Wenn Sie die Aufmerksamkeit bestimmter Personen wollen, überlegen Sie, wie Sie stattdessen einer Reihe von Personen Aufmerksamkeit schenken könnten. Werden Sie zur Quelle von diesen Dingen.

Damit dieser Kurs seine subtile Magie entfalten kann, möchte ich Sie bitten, langsamer zu werden. Ich möchte Sie auch bitten, Initiative zu ergreifen. Wenn Sie langsamer werden, können Sie die reichen, lebensverändernden Ressourcen bemerken. Wenn Sie Initiative ergreifen, seien Sie achtsam. Macht kommt aus Kontemplation und Verantwortung.

Zu Gott, zu anderen und zu sich selbst

Manche Menschen widmen sich ausschließlich Gott oder der Spiritualität. Manche neigen dazu, sich vollkommen in den Dienst anderer zu stellen. Manche bevorzugen dagegen, sich nur um sich selber zu kümmern.

Mit einseitigen Positionen ignorieren Sie jedoch große Teile des Lebens. Diejenigen, die nur zu höheren Realitäten neigen, ignorieren das irdische Leben, in das sie hineingeboren wurden. Um dieses Leben muss man sich kümmern. Eskapismus ist nie erfüllend. Dieses normale Leben so anzunehmen, wie es ist, ist sehr erfüllend.

Diejenigen, die sich nur um andere Menschen und »die Armen« kümmern, diejenigen, die sich für andere aufgeben, die keine eigene und individuelle Identität entwickeln, werden bald keine Energie oder Persönlichkeit mehr haben, die sie mit anderen teilen können. Wenn ich mich nicht um mein eigenes Wohl kümmere, werde ich nichts zu geben haben. Sich nicht um sich selbst zu kümmern ist keine Möglichkeit, anderen zu helfen.

Und dann gibt es diejenigen, die ihr Leben nur mit »ich, mein, mir« beschäftigen. Ihr gesamtes Aufmerksamkeitsfeld dreht sich um »ich dachte«, »ich hörte«, »ich mag«, »Was mir passiert ist, war …«.

Arten von egoistischem Verhalten schwächen Sie tatsächlich, weil diese den Umfang Ihrer Aufmerksamkeit auf einen winzigen Punkt beschränken, einem winzigen

Standpunkt namens »Ich«, unter Ausschluss aller anderen Realitäten, Standpunkte, Wahrnehmungen, Erfahrungen. Das Universum ist ein großer Ort. Aber man kann das nicht bemerken, wenn die Wolke des Bewusstseins die ganze Zeit um die eigene Persönlichkeit, Erinnerungen und Befindlichkeiten kreist. Darüber hinaus ist das »Ich will« eigentlich keine Aussage über Ermächtigung. Es ist Mangel. »Wollen« impliziert Mangel. Jedes Mal, wenn Sie »Ich will ...« sagen, ist das, was Sie eigentlich sagen: »Ich habe nicht ...«. Und so schwächen Sie sich selbst.

Der Titel dieses Abschnitts lautet »zu Gott, zu anderen und zu sich selbst«, damit Sie nicht nur zu einem Aspekt des Daseins tendieren, sondern zu allen dreien. Wenn Sie jemand sind, der im »ich, ich, ich«-Universum lebt, sollten Sie üben, Ihre Prioritäten von Ich-Andere-Gott, zu Gott-Andere-Ich zu verlagern. Das heißt, Ihr erster Bereich von Bedeutung sind spirituelle Angelegenheiten, höhere Realitäten, und vor allem: Ihre Grundwerte im Leben. Ihr zweiter Interessenbereich wäre Familie, Freunde und andere Menschen im Allgemeinen. Und Ihre dritte Priorität wären dann Sie selbst. Für die meisten Menschen wird diese einfache Aufmerksamkeitsverschiebung alles verändern. Sie wird Sie von einem kleingeistigen, kleinlichen, egozentrischen, willensschwachen Idioten zu einem verantwortungsbewussten, liebevollen, freundlichen und fürsorglichen Bürger der Welt machen.

Ich würde sagen, dass mindestens 60% aller Leser das Ich-Ich-Ich-Spiel reduzieren müssen und etwas Größeres wählen sollten als sich selbst. Wenn Sie Ihr Leben etwas Höherem widmen, werden Sie staunen, wie schnell all Ihre Probleme verschwinden. Sie haben keine Zeit mehr für persönliche Probleme und weil das, was Sie nicht mehr beachten, tendenziell verschwindet.

Weitere 30 % der Leser werden von dem Interesse nur für das Spirituelle zu mehr Aufmerksamkeit für sich selbst und andere wechseln müssen.

Und schätzungsweise 10 % der Leser tun gut daran, von der Fürsorge für andere zu mehr Fürsorge für sich selbst zu wechseln.

Sicherlich wissen Sie in welche Richtung sie tendieren und wo Sie Ihr Leben ausbalancieren sollten. 100 % der Leser tun gut daran, alle drei Richtungen zu harmonisieren. Ihr Leben besteht aus Ihrer Gesundheit, Ihrem Körper, Ihrem Aussehen, Ihren Hobbys und Interessen, Ihrem Beruf, Ihren Finanzen, Ihren Beziehungen und Ihrer Familie, Ihrer Sexualität, Ihrer Liebe und den Aktivitäten, mit denen Sie sich ablenken. Es umfasst aber auch die Gesundheit, Interessen und Hobbys, Berufe, Beziehungen und Finanzen anderer. Und vor allem besteht es aus dem Unsichtbaren – der spirituellen Dimension des Lebens.

Ich empfehle Ihnen, sich einen Monat Zeit zu nehmen, um zu prüfen, wie viel Zeit Sie jedem der drei Aspekte widmen – der Spiritualität, den anderen, sich Selbst. Allein die Betrachtung dieser Frage wird zu positiven

Veränderungen in Ihren Fähigkeiten und Lebenserfahrungen führen.

Übung

Erstellen Sie eine Liste mit zwanzig Dingen, die Sie in den letzten sieben Tagen gemacht haben. Die letzten sieben Tage spiegeln Ihren aktuellen Gesamtzustand im Leben wider. Notieren Sie nach jeder Aktion auf Ihrer Liste, ob diese Aktion Höheren spirituellen Realitäten (G), Anderen (O) oder eigenen Themen (D) gewidmet war. Überprüfen Sie abschließend, ob Ihr G, O und D ausgewogen ist oder ob zu viel Wert auf G (Gott, Spiritualität), O (Anliegen der Anderen) oder D (Ihre eigenen Anliegen) gelegt haben. Versuchen Sie, mehr Balance in die drei zu bringen.

03 KONTEXT

Sehen Sie, was Sie aus dem folgenden Absatz machen:

»Eine Zeitung ist besser als eine Zeitschrift. Eine Küste ist ein besserer Ort als eine Straße. Am Anfang ist es besser zu laufen als zu gehen. Möglicherweise müssen Sie mehrmals versuchen. Es erfordert etwas Geschick, ist aber leicht zu erlernen. Auch kleine Kinder können sich daran erfreuen. Einmal erfolgreich, sind die Komplikationen minimal. Vögel kommen selten zu nahe. Regen zieht jedoch sehr schnell ein. Auch zu viele Leute, die das Gleiche tun, können Probleme verursachen. Man braucht viel Platz. Wenn es keine Komplikationen gibt, kann es sehr friedlich sein. Ein Stein dient als Anker. Wenn sich daraus jedoch etwas löst, bekommt man keine zweite Chance.«

Die meisten Leser werden sagen, dass diese Sätze sehr wenig Sinn ergeben. Manche mögen sogar einigen der gemachten Aussagen vehement widersprechen. Lesen Sie jetzt den Absatz noch einmal und sehen Sie, wie er sich diesmal anhört:

»PAPIERDRACHEN: Eine Zeitung ist besser als eine Zeitschrift. Eine Küste ist ein besserer Ort als eine Straße. Am Anfang ist es besser zu laufen als zu gehen.

Möglicherweise müssen Sie es mehrmals versuchen. Es erfordert etwas Geschick, ist aber leicht zu erlernen. Auch kleine Kinder können sich daran erfreuen. Einmal erfolgreich, sind die Komplikationen minimal. Vögel kommen selten zu nahe. Regen zieht jedoch sehr schnell ein. Auch zu viele Leute, die das Gleiche tun, können Probleme verursachen. Man braucht viel Platz. Wenn es keine Komplikationen gibt, kann es sehr friedlich sein. Ein Stein dient als Anker. Wenn sich daraus jedoch etwas löst, bekommt man keine zweite Chance.«

Mit dem Kontext »Drachen« oben im Absatz bin ich mir sicher, dass jetzt alles Sinn gemacht hat. Damit wird die Bedeutung des Kontextes demonstriert.

In einem faszinierenden sozialen Experiment ging der Weltklasse-Geiger Joshua Bell zu einer U-Bahn-Station, um dort Geige zu spielen. Er spielte fünfundvierzig Minuten lang vor einem Publikum von einigen Tausend Menschen, die während dieser Zeit durch den Bahnhof gingen. Seine Musik wurde kaum wahrgenommen, geschweige denn belohnt. Sie wurde als »generische klassische Musik« wahrgenommen und war kaum einer Erwähnung wert. Die einzigen Leute, die aufmerksam zu sein schienen, waren kleine Kinder. In den Videos von dieser Veranstaltung sehen Sie, wie Eltern ihre Kinder, die zugehört hatten, von der Musik wegzogen. In den fünfundvierzig Minuten der Aufführung blieben nur sechs Leute stehen, um eine Weile zuzuhören. Der Geiger sammelte nur zweiunddreißig Dollar. Es gab keinen Applaus und keine Anerkennung.

Wenn Joshua Bell in Musikhallen spielt, verdient er im gleichen Zeitraum viele tausend Dollar vor ausverkauften Plätzen. Sein bestes Musikstück ist 3,5 Millionen Dollar wert. In den Konzerten wird er als »Genie« und seine Musik »Weltklasse« und »Höhe der Musikkunst« gepriesen.

Den vollständigen Artikel zu diesem sozialen Experiment können Sie online lesen, in einem Artikel der Washington Post[2]. Über dieses Experiment berichtete auch die deutsche Presse. Wenn Sie in einer Internet-Suchmaschine die Begriffe »joshua bell experiment« eingeben, werden Sie zahlreiche Artikel zu diesem Experiment finden. Auch bei YouTube gibt es zahlreiche Belege für solche Situationen.

Was hat das mit Führung zu tun? Dinge neu zu kontextualisieren (rekontextualisieren) verändert Ihren Zustand und den der Menschen, die Sie führen. Als Führer sind Sie in der Lage, den Zustand der Völker zu ändern. Eine Möglichkeit, dies zu tun, besteht darin, die Bedeutung der Dinge neu zu definieren und zu aktualisieren. Wie Menschen etwas wahrnehmen, bestimmt, wie viel es wertgeschätzt wird.

---

2 Link zum Originaltitel: https://www.washingtonpost.com/lifestyle/magazine/pearls-before-breakfast-can-one-of-the-nations-great-musicians-cut-through-the-fog-of-a-dc-rush-hour-lets-find-out/2014/09/23/8a6d46da-4331-11e4-b47c-f5889e061e5f_story.html

Übung 1

Nehmen Sie ein separates Blatt Papier und schreiben Sie fünf Probleme auf, die Sie in letzter Zeit beschäftigen.

Schreiben Sie dann auf, in welchem Kontext diese Probleme als in Ordnung oder gut angesehen werden.

Beispiele zur Übung 1

Meine Freundin hat sich von mir getrennt.
Wenn mein echter Seelenverwandter noch da draußen auf mich warten würde, wäre das gut.

Der Fahrer vor mir ist zu langsam.
Wenn dieser Fahrer eine ältere Dame wäre, wäre das in Ordnung.

Ein Freund von mir ist schon lange krank.
Wenn der Sinn des Lebens darin besteht, die Liebe zu anderen zu vertiefen, ist dies eine gute Gelegenheit dafür.

Mein Unternehmen steckt in einer Krise.
Man kann die Krise nutzen, um dem Unternehmen mit neuen Ideen frischen Wind einzuhauchen. Eine Krise kann eine Chance sein.

Es regnet so oft.
Wäre ich ein Verkäufer von Regenschirmen, wäre dies fantastisch.

Übung 2

Schreiben Sie fünf gute Dinge auf, die gerade in Ihrem Leben passieren. Schreiben Sie dann auf, in welchem Kontext diese guten Dinge als schlecht oder nicht in Ordnung angesehen werden können.

Sie machen diese Seite der Übung »nur zum Spaß« und sie soll zeigen, wie der Kontext der ultimative Game-Changer (Spiel-Veränderer) ist. Dieser Teil der Übung zeigt auch, wie Sie sich im täglichen Leben selbst »schlechtreden«. Wenn Sie es bewusst tun, können Sie sich daran erinnern, dass Sie sich nicht so oft so behandeln müssen.

Beispiele zu Übung 2

Ich habe dieses Jahr viel Geld verdient.
Das könnte mich selbstgefällig machen.

Ich bin in einer wunderbaren Beziehung.
Was mich von anderen wichtigen Lebensbereichen ablenken könnte.

Meiner Firma geht es wunderbar.
Und ohne Herausforderung wird es langweilig.

Ich fühle mich in einem sehr hohen und glücklichen Zustand.
Und mit meiner Anhaftung daran wird die Angst kommen, es zu verlieren.

Sie sehen also, dass es aus einer gewöhnlichen Perspektive tatsächlich eine positive aber auch immer eine Kehrseite für alles gibt.

Aus einer Meta-Perspektive lehre ich jedoch, dass das Ego-Selbst letztendlich die Schattenseite von allem sieht und die Seele letztendlich die positive Seite von allem sieht. Dies ist eine sehr effektive Art, das Leben zu sehen und kann Ihnen helfen, die Dinge neu zu kontextualisieren, um diese aus der Perspektive zu sehen, die unendliches Bewusstsein sehen würde.

Der Kontextwechsel stellt die Frage: Aus welcher Sicht würde Ereignis X als etwas Wertvolles oder Gutes angesehen? Ein neuer Kontext verändert sofort Ihren Zustand und Ihre Handlungsfähigkeit. Viele Probleme bedürfen keiner Lösung, sondern einer Neukontextualisierung. Der langsame Fahrer vor Ihnen muss nicht »gelöst« werden, damit Sie nie wieder langsame Fahrer vor sich haben. Wenn Sie sich neu kontextualisieren können, was für Menschen langsame Fahrer sind (z. B. eine nette ältere Dame), wird Ihnen das Problem nie wieder als Problem auffallen und Ihre Aufmerksamkeit und Energie nicht mehr verbrauchen. Jedes Problem, das Sie in Ihrem Leben spüren, ist eine Gelegenheit, einen besseren Kontext zu finden, um das Problem einzugrenzen.

Wann immer Sie dieses Jahr in einer schwierigen Situation sind: Kontextualisieren Sie erneut, bis Sie eine Veränderung authentisch spüren. Sobald Sie lernen, sich selbst neu zu kontextualisieren, werden Sie besser in der Lage sein, sich für andere neu zu kontextualisieren. Und das ist eine Sache, die ein guter Führer tut: Den Zustand einer großen Anzahl von Menschen zu ändern.

Übung:
Einwände in einen neuen Kontext stellen

Schreiben Sie eine Liste mit Einwänden, die die Leute Ihnen gegenüber gegen alle möglichen Dinge geäußert haben. Von diesem Punkt an möchte ich Sie bitten, Einwände nicht abzulehnen oder zu versuchen, den Einspruch zu kontern, sondern sie als Gelegenheiten zur Neukontextualisierung und Stärkung Ihrer selbst und des Einspruchsführers zu nutzen.

Nachdem Sie diese Liste geschrieben haben, kontextualisieren Sie jeden Einwand erneut.

Beispiele:

Wenn jemand zum Beispiel sagt: »Ihr Produkt ist zu teuer«, wäre ein Beispiel für die Neuformulierung dieses Einwands: »Es fordert sicherlich Leute heraus, die lernen möchten, sich mehr leisten zu können!«

Damit haben Sie diesen Aspekt in etwas Positives verwandelt.

Oder Sie könnten den Einwand in eine Frage umwandeln wie: »Und welches Produkt würde Ihrem Budget am besten dienen?«

Das Reframing wäre hier, den Einspruchsführer wissen zu lassen, dass es etwas Passendes für seine bevorzugte

Preisklasse gibt. Oder Sie könnten sagen: »Im Vergleich zu Produkt X von Firma Y ist es teuer, aber wenn man bedenkt, dass deren Produkt normalerweise nach etwa zwei Monaten Gebrauch kaputt geht und unser Produkt jahrelang gut bleibt, ist unseres nicht wirklich teuer.«

Es gibt viele verschiedene Möglichkeiten, einen Kontext umzugestalten und dadurch sowohl Ihre Realität als auch die der anderen umzugestalten. Dies zu lernen, geht mit guter Führung einher. Menschen wünschen sich von Natur aus, dass ihr Zustand geändert wird. Und als gute Führungskraft können Sie die Zustände der Menschen ändern, indem Sie deren Sicht auf die Dinge ändern. Wenn Sie deren Zustand ändern können, wird man sie dafür schätzen.

04 KENNEN SIE SICH SELBST

Der beste Weg, Ihre Stärken, Schwächen und das, was in Ihnen steckt, kennenzulernen, ist, die eigene Komfortzone zu verlassen. Sich einem Team oder einem Projekt anzuschließen oder eine schwierige Position einzunehmen, ist eine gute Methode, um die Komfortzone zu verlassen, um sich selbst zu finden. Wenn Sie die meiste Zeit Ihres Lebens Single waren, ist eine Heirat eine gute Möglichkeit, Ihre Komfortzone zu verlassen. Wenn Sie die meiste Zeit Ihres Lebens verheiratet waren, kann ein längerer Urlaub allein der richtige Weg sein, um Ihre Komfortzone zu verlassen. Wenn Sie nicht ins Leben gehen, erfahren Sie nie, wer Sie sind, woraus Sie gemacht sind, was Ihre Grenzen sind. Sie bleiben bequem und gemütlich zu Hause, lernen aber nichts Neues. Wichtig ist, dass Sie Herausforderungen nicht nur mutig angehen, sondern diese aktiv suchen. Auf diese Weise werden Sie keine Herausforderungen mehr heimsuchen, denn weil Sie diese bereits vorhergesehen und durchgemacht haben, können Sie keine Bedeutung mehr haben. Wenn diese Herausforderungen eintreffen, haben diese nicht mehr die Kraft, Sie aus der Bahn zu lenken. Sie werden größer sein als sie.

Übung

Listen Sie auf einem Blatt Papier Ihre Stärken und Schwächen auf. Schreiben Sie für jede aufgeführte Schwäche eine Notiz, wie Sie dieses Problem überwinden oder ihre Schwäche reduzieren können. Notieren Sie auch eine Situation, in die Sie sich bewusst versetzen könnten, um zu üben, diese Schwäche zu überwinden.

Beispiel:

Schwäche: Ich bin zu unsicher, wenn ich vor einer Gruppe von Menschen spreche.

Wie ich das überwinden könnte: Indem ich einen Workshop zum Thema Reden in der Öffentlichkeit besuche und meine Atmung und Haltung vertiefe. Ich könnte jeden Tag laut aus einem Buch vorlesen, bis es sich für mich normal anfühlt.

Situation, in die ich mich versetzen könnte: Der oben genannte Workshop. Ich könnte mich öfter zu Wort melden, wenn ich mich mit meinem Freundeskreis treffe.

Ein anderes Beispiel:

Schwäche: Ich neige dazu, unter Stress zu viel zu essen.

Wie ich das überwinden könnte: Indem ich mich bewusst hinsetze und meinen Stress willkommen heiße / spüre, wenn er auftritt. Ein Stoppzeichen am Kühlschrank oder der Spruch »Erst nachdenken, dann zugreifen« am Schrank mit den Süßigkeiten kann helfen, um sich an dieses neue Muster zu erinnern und zu gewöhnen.

Situation, in die ich mich versetzen könnte: Ich könnte immer wieder, wenn ich gestresst bin, ein großes Buffet mit den schönsten Speisen besuchen und nichts anfassen. So könnte ich ein neues Muster in mich hineinkonditionieren.

Fahren Sie also bitte mit Ihrer eigenen Schwächenliste fort und stellen Sie sicher, dass Sie jede von ihnen mental in den Griff bekommen. Wenn Sie fertig sind, sehen Sie sich Ihre »Situationen, in die ich mich selbst versetzen könnte« an und weisen Sie jeder Aufgabe in Ihrem Kalender eine Zeit zu, und geben Sie an, bis wann Sie dieses neue Muster erfahren haben möchten. Wenn Sie also den 12. Februar für »ein großes Buffet unter Stress besuchen und nichts anfassen« markieren, müssen Sie dies aber auch tun.

Schreiben Sie für jede aufgeführte Stärke eine Notiz, wie Sie diese Stärke besser demonstrieren können oder in welche Situation Sie sich versetzen könnten, die es Ihnen ermöglicht, diese Stärke auszudrücken.

Beispiel:

Stärke: Ich kann Leute zum Lachen bringen.

Situation: Ich konnte zeigen, dass: Morgen habe ich einen Kunden und werde meinen Humor zu seinem Vergnügen steigern.

Hinweis: Sie müssen nicht zu viele Ihrer Stärken zeigen. Es ist gut, diese Stärken zu haben, aber prahlen Sie nie damit oder übertreiben Sie keine Macht, da dies dazu führt, dass sich unsichere Menschen unwohl fühlen. Oder genauer: Wissen Sie, wann Sie Ihre Stärken zeigen und wann Sie sie verbergen sollten.

Diese Übungen werden Ihnen als Augenöffner dienen. Eine der Kernfähigkeiten eines Leaders besteht darin, dass er seine Fehler zugeben kann, ohne sich davon unterkriegen zu lassen. Sie müssen Ihre Schwächen nicht unbedingt anderen gegenüber eingestehen, aber Sie sollten sie auf jeden Fall sich selbst eingestehen und Schritte unternehmen, um sie zu verbessern, sonst befinden Sie sich auf einem Weg der Selbsttäuschung. Demut ist stärker als Magie. Sie werden sich auch in immer mehr Situationen begeben wollen, in denen Sie tatsächlich zu der Führungskraft werden können, die Sie sein möchten. Es gibt kein besseres Leadership-Training, als die Komfortzone nicht ein- oder zweimal, sondern hunderte Male zu verlassen. Bis es keine Zone mehr gibt, die Unbehagen verursacht. Das bedeutet, dass Sie größer geworden sind als das Leben selbst und jetzt fit sind, um zu führen.

05 INITIATIVE

Aufbauend auf den letzten Übungen sind Fehler nicht nur Okay, sondern ein Weg zum Erfolg. Wer keine Fehler macht, macht gar nichts. Für jeden Erfolg kann es neun Misserfolge geben. Diese Misserfolge werden dann zu Sprungbrettern zum Erfolg. Es reicht nicht aus, nachzuahmen, was erfolgreiche Menschen tun. Integrieren Sie stattdessen die Ideen und Prinzipien, nach denen erfolgreiche Menschen arbeiten. Was sind deren Gedanken, Worte und Handlungen? Eine universelle Gemeinsamkeit, die Sie unter ihnen sehen werden, ist die Initiative. Ein anderes Wort dafür ist »proaktiv«. Sie werden wahrscheinlich viel darüber gelesen haben, aber haben Sie jemals Ihren proaktiven (im Gegensatz zum reaktiven) Muskel proaktiv trainiert?

Pro-Aktiv versus reaktives Denken zeigt sich in den Worten, die Menschen verwenden.

Beispiele für reaktive vs. proaktives Denken:

Was sollte ich tun?
Das werde ich tun.

Wir werden sehen, was passiert.
Das machen wir möglich.

Welche Bücher lesen die anderen gerade?
Welches Buch möchte ich lesen?

Was soll man sagen, wenn ...
Das sage ich, wenn ...

Wohin steuert die Branche?
Wohin möchte ich die Dinge führen?

Warum bin ich so übergewichtig?
Was kann ich tun, um mein Gewicht zu reduzieren und den Prozess zu genießen?

Wie viel kann ich damit verdienen?
Wie viel möchte ich damit verdienen?

Ich habe keine Zeit dafür.
Ich werde mir die Zeit dafür nicht nehmen.

Ich bin einfach nicht gut im Schreiben.
Ich werde Wege finden, mein Schreiben zu üben.

Ich hoffe, dass die Dinge eines Tages besser werden.
Lass uns die Dinge heute besser machen.

Was ist der Sinn des Lebens?
Welche Bedeutung gebe ich dem Leben?

Ich bin zu müde.
Ich würde gerne herausfinden, wie ich mehr Energie haben kann.

Nichts erregt mich mehr.
Was würde ich tun, wenn ich wüsste, dass ich nicht versagen kann?

Lerninitiative ist eine Haltung. Es ist eine höhere Bewusstseinsebene, eine Art des Seins. Anstatt diese Beispiele zu kopieren (was reaktiv wäre), warum nicht eine eigene Liste erstellen?

Wenn Sie ein proaktives Bewusstsein hätten, würden Sie wie oben beschrieben Ihre eigene Beispielliste erstellen.

Übung:
Bereit, es auszuprobieren.

Schreiben Sie nicht nur Ihre eigene Liste mit Beispielen auf, sondern schreiben Sie auch zehn Dinge auf, die Sie ausprobieren möchten, nur um Ihre Initiative zu testen. Initiative ist eine weitere Kernqualität eines Leaders. Von einer Führungskraft wird per Definition erwartet, dass sie den Weg weist. Der Weg vor Ihnen ist möglicherweise unbekannt. Deshalb stellen Follower einen Anführer vor sich her, weil sie Angst haben, den ersten Schritt ins Unbekannte zu tun. Neues zu initiieren bedeutet, Schritte ins Unbekannte zu unternehmen. Verantwortung übernehmen. Dies führt zu einer Reihe von Fehlern und Misserfolgen, aber auch zu einer Reihe von Erfolgen, während diejenigen, die nicht proaktiv sind, weder scheitern ... noch jemals erfolgreich sein werden. Sobald Sie eine Liste mit zehn Dingen zum Ausprobieren erstellt haben, probieren Sie sie alle aus. Sogar diejenigen, von denen Sie das Gefühl haben, dass sie am nächsten Tag »vielleicht keine so gute Idee« sind. Sie müssen nicht alle am selben Tag ausprobieren, aber versuchen Sie, Ihre Liste innerhalb von ein oder zwei Wochen fertigzustellen. Sie haben Ihre Muskelinitiative trainiert und werden Lust auf mehr haben.

Übung: Geben Sie Antworten

Fragen zu stellen ist wichtig, aber als Führungskraft ist es auch von entscheidender Bedeutung, dass Sie Antworten aus Ihrer eigenen Erfahrung, Ihrem gesunden Menschenverstand und Ihrer Intuition geben. Die Kunst des Antwortens (anstatt immer zu fragen) ist gleichbedeutend mit der Ausübung von Initiative und Führung. Beantworten Sie bitte die folgenden Fragen (suchen Sie nicht bei mir oder Google nach Antworten, sondern beantworten Sie sie von innen). Diese Fragen sollen auch Ihr Denken wie eine Führungskraft steigern:

- ❖ Welche Wünsche haben die Menschen gemeinsam?
- ❖ Unter welchen Umständen agieren Gruppen am effizientesten?
- ❖ Was braucht die Welt, was Sie liefern können?
- ❖ Welche Einstellungen haben Menschen gemeinsam?
- ❖ Was macht eine Beziehung dauerhaft?
- ❖ Was bringt Menschen dazu, ihre Einstellungen und Meinungen zu ändern?
- ❖ Was ist vorhersehbar?
- ❖ Wie bestimmen Sie, was wahr ist?
- ❖ Was ist die Ursache des Scheiterns?
- ❖ Wodurch entstehen Chancen?
- ❖ Was wird in zehn Jahren wertvoll sein?
- ❖ Was haben erfolgreiche Produkte und Dienstleistungen gemeinsam?
- ❖ Was macht Motivation zu Inspiration?

06 INTEGRITÄT

Eine Säule der Macht in der Führung besteht darin, Ihre Integrität zu bewahren. In der gesamten Geschichte der Führung ging gebrochene Integrität in der Regel mit Machtverlust und dem Verlust einer Führungsposition einher.

Das Wörterbuch definiert Integrität wie folgt: »Einhaltung moralischer und ethischer Prinzipien; Solidität des moralischen Charakters; Ehrlichkeit. Der Zustand, ganz, ganz oder unvermindert zu sein. Ein gesunder oder unbeeinträchtigter Zustand.« Integrität ist Ganzheit, da sie ein integrierter und integraler Bestandteil des Ganzen ist. Wenn Sie gegen andere Menschen oder Gesetze, Ethik und richtiges Verhalten verstoßen, verlieren Sie Ihre Integrität, verpassen Sie, ein Teil des Ganzen zu sein. Integrität bedeutet, Ihre Prinzipien und Ihr ethisches Verhalten über Wünsche und Ziele zu stellen. Integrität bedeutet Toleranz zu üben und anderen Freiheit zu gewähren. Integrität ist Ehrlichkeit gegenüber anderen, aber noch mehr Ehrlichkeit gegenüber sich selbst, indem Sie Ihrem Lebenszweck treu bleiben, Ihrem Charakter treu bleiben, Ihren Werten treu bleiben. Integrität erzeugt eine Aura oder ein Energiefeld um Sie herum, das Sie einerseits vor Schaden, Angriff und Erpressung schützt und andererseits Kraft und Erfolg ausstrahlt. Die folgenden Übungen verstärken die

Integrität, die bereits innewohnt, die Integrität, die Sie bereits in sich tragen. Der Weg, sie zu verwenden, besteht darin, ein Konzept zu nehmen und es entweder aufzuschreiben oder es im Gedächtnis zu behalten und es dann im richtigen Moment zu üben. Wenn Sie als Einsiedler ohne Verbindung zu anderen Menschen leben, wird es schwieriger, die Übungen umzusetzen, da andere eine gute Reflexion und Prüfung unserer Absichten bieten.

Gedanken zur Kontemplation:

- Wie würde Ihr Leben aussehen, wenn Sie nicht mehr auf die Zustimmung der Menschen angewiesen wären, sondern das Richtige tun würden?
- Wie würde Ihr Leben aussehen, wenn Sie jeden Tag kleine Verbesserungen an sich selbst vornehmen würden (anstatt zu versuchen, andere oder die Welt zu verändern)?
- Wie würde Ihr Leben aussehen, wenn alle Ihre Beziehungen intakt wären?
- Wie würde Ihr Leben aussehen, wenn Sie zweifelsfrei wüssten, was Ihr Lebenszweck und Ihre Mission ist?
- Was wäre, wenn Ihr Leben von diesem tieferen Sinn und Zweck bestimmt wäre?

Übung: Integrität wiederherstellen

a) Erstellen Sie eine Liste mit Ihren Plänen, Absichten und Handlungen, die durch Wut, Hass, Rache oder Angst motiviert sind. Machen Sie auch eine Liste mit versteckten Absichten, die Sie haben, die nicht mit Ihren höchsten Werten und Tugenden übereinstimmen. Solche versteckten Absichten sind Dinge, von denen Sie nicht möchten, dass andere davon erfahren, Dinge, vor denen Sie Angst haben, diese zu kommunizieren, weil sie weithin missbilligt würden, Absichten, die Sie haben, die sich von den Absichten unterscheiden, die Sie offen kommunizieren, Dinge, die Sie tun, die es erscheinen lassen als hätten Sie ein Ziel, während Sie tatsächlich einem anderen Ziel folgen. Was verschweigen Sie Ihrer Frau, Ihrem Ehepartner, Ehemann, Angestellten, Chef, Vorgesetzten, Verwandten, Freund, Kollegen?

b) Nachdem Sie diese Liste erstellt haben, geben Sie an, durch welchen unerfüllten Wunsch oder welches ungelöste Problem die versteckte Agenda motiviert ist.

c) Fühlen Sie das Problem oder den unerfüllten Wunsch vollständig. Dann erleben Sie die Erfüllung dieses Verlangens vollständig, als ob es sich bereits manifestiert hätte. Erfahren Sie es zuerst im Inneren, ohne unbedingt das physische Äquivalent manifestieren zu müssen. Es ist ein innerer Mangel, den Sie mit äußeren Umständen oder Handlungen zu füllen versuchen.

Beispiel 1:

a) Ich habe meinem Chef gesagt, dass alles super gelaufen ist, obwohl wir in unserer Abteilung in einer großen Krise stecken.
b) Der Bedarf an Genehmigung und Geld.
c) »Ich bin anerkannt und reich.«

Beispiel 2:

a) Ich habe meiner Frau gesagt, dass ich am Wochenende auf Geschäftsreise gehe, obwohl ich tatsächlich eine Affäre mit einer anderen Frau haben werde.
b) Das Bedürfnis nach Freiheit und Abenteuer.
c) »Ich bin frei und mein Leben ist voller Abenteuer.«

Beispiel 3:

a) Ich sagte, dass ich die Anwesenheit dieser Leute sehr genieße, obwohl ich sie eigentlich verachte.
b) Das Bedürfnis nach Freiheit und Frieden.
c) »Ich bin in Harmonie und Frieden.«

Üben Sie dies mit mindestens fünf bis zehn Beispielen aus Ihrem Leben.

Ihr Wort wiederherstellen

1. Listen Sie ein paar Dinge auf, von denen Sie gesagt haben, dass Sie sie tun oder nicht tun werden, und bei denen Sie bis heute Ihr Wort dazu gehalten haben.

2. Listen Sie ein paar Dinge auf, von denen Sie gesagt haben, dass Sie sie tun oder nicht tun werden und Sie Ihr Wort gebrochen haben.

3. Schreiben Sie zu den Punkten, in denen Sie Ihr Wort gebrochen haben, ein paar Notizen, wie Sie dies nachholen wollen, entweder sich selbst oder den Betroffenen gegenüber. Dann fahren Sie fort, um es auszugleichen. Dies wird Ihre Macht auf eine Weise vergrößern, die Sie wahrscheinlich nicht kennen. Machen Sie einfach weiter und machen Sie es. Stellen Sie Ihre Integrität wieder her.

Wiederherstellung Ihres Sinns für das, was richtig ist

1. Listen Sie ein paar Dinge auf, von denen Sie wussten, dass sie das Richtige sind und die Sie befolgt haben.

2. Listen Sie ein paar Dinge auf, von denen Sie wussten, dass sie richtig sind und die Sie nicht befolgt haben.

3. Notieren Sie sich für die Punkte, die Sie nicht durchgezogen haben, obwohl Sie wussten, dass diese richtig waren, wie Sie dies nachholen wollen, entweder gegenüber sich selbst oder gegenüber den Betroffenen. Ihr Gewissen weiß genau, wo Sie hätten handeln sollen und wo nicht. Dies wird Ihre Macht auf eine Weise vergrößern, die Sie wahrscheinlich nicht kennen. Machen Sie einfach weiter und machen Sie es. Stellen Sie Ihre Integrität wieder her.

Wiederherstellung Ihrer Kommunikation

1. Listen Sie ein paar Dinge auf, die Sie anderen gesagt haben und die sich als wahr oder hilfreich erwiesen haben.

2. Listen Sie ein paar Dinge auf, die Sie anderen gesagt haben und die sich als falsch herausgestellt haben.

3. Wenn Sie die Verantwortung für die von Ihnen gegebenen schädlichen Informationen übernehmen, machen Sie sich Notizen darüber, wie Sie dies entweder bei sich selbst oder gegenüber den Geschädigten wiedergutmachen können. Der Teil »Wiedergutmachung« muss nicht der Person gegenüber sein, wenn diese nicht anwesend ist, er kann auch symbolisch oder gegenüber einer anderen Person sein. Der Hauptzweck hier ist es, Ihrem Wort ein Gefühl der Integrität zurückzugeben.

Wiederherstellen Ihrer Vereinbarungen

Kurzversion

1. Listen Sie ein paar Dinge auf, denen Sie zugestimmt haben und die Sie dann richtig befolgt haben.

2. Listen Sie einige Dinge auf, denen Sie zugestimmt haben und die Sie dann nicht eingehalten haben.

3. Listen Sie auf, wie Sie dies entweder gegenüber der verletzten Person oder gegenüber sich selbst wiedergutmachen können. Machen Sie sich nicht selbst herunter, weil Sie Vereinbarungen gebrochen oder die Integrität verloren haben. Korrigieren Sie es einfach.

Lange Version

Halten Sie die von Ihnen getroffene Vereinbarungen in allen Fällen und an Orten ein, keine Ausnahmen. Auch wenn andere Ihrem Wort nicht treu bleiben, bleiben Sie Ihrem Wort treu. Sie denken vielleicht, dass diese Haltung verklemmt oder streng oder nicht locker genug ist, aber ich sage Ihnen, dass Sie anderswo nachlassen und entspannen können, nicht auf Ihre Vereinbarungen. Dies ist eine Disziplin, die es wert ist, fest aufrechterhalten zu werden. Es ist mit Ihrem Ruf und der Macht Ihres Wortes verbunden. Welchen Wert und welche Kraft Ihr Wort hat, hängt davon ab, wie oft es in Erfüllung gegangen ist. Auch kleine Absprachen wie »Ich komme um 8 Uhr an« sind einzuhalten. Wenn Sie sagen »Ich werde um 8 Uhr ankommen« und Sie kommen tatsächlich gegen 8 Uhr an, nehmen sowohl Ihr Unterbewusstsein als auch andere Menschen dies als Indikator dafür, dass Sie zu Ihrem Wort stehen, dass Ihr Wort Macht hat. Und wenn Ihr Wort Macht im kleinen Sinne hat, hat es auch im großen Sinne Gewicht, zum Beispiel bei Geschäftsverträgen. Wenn Sie Ihrem Ehepartner gegenüber zugestimmt haben, nur ihm gegenüber ehrlich und loyal zu sein, dann halten Sie sich daran. Wenn Sie nicht wirklich bereit sind, sich daran zu halten, dann verpflichten Sie sich nicht dazu. Ein typischer Grund für Nichtintegrität ist, Dingen zuzustimmen, denen wir nicht wirklich zustimmen wollen, um »gut auszusehen« oder um Zustimmung von anderen zu erhalten. Nur um Zustimmung zu gewinnen, haben wir einer Reihe von Dingen zugestimmt, denen wir niemals zugestimmt hätten, wenn wir authentisch und echt wären. Machen Sie die Absicht, alle Ihre Vereinbarungen einzuhalten und einzuhalten. Und wenn Sie einmal gegen Ihre Vereinbarungen verstoßen, beschimpfen Sie sich nicht und machen Sie sich nicht nieder, sondern machen Sie es einfach so gut es geht wieder gut. Sich selbst heruntermachen setzt voraus, dass Sie nicht die Absicht haben, es wieder gut zu machen und Sie brauchen diese falschen Emotionen nicht wirklich.

Übung

a) Erstellen Sie eine Liste der Vereinbarungen, die Sie eingegangen sind.

b) Beschriften Sie jeden Ihrer Listenpunkte mit B (Vereinbarung gebrochen), SB (Vereinbarung heimlich gebrochen), H (Vereinbarung eingehalten oder beabsichtigen, Vereinbarung einzuhalten), A (Vereinbarung abgebrochen), C (wollen die Vereinbarung abbrechen oder ändern).

Ein Beispiel, wie eine typische Liste aussehen könnte:

Die Miete bezahlen. H

Meiner Frau treu zu bleiben. SB

Mein Vertrag mit dem Fitness-Studio. C

Mein Einverständnis, später im Büro zu bleiben. C

Das Treffen letzte Woche. B

Rechnungen bezahlen. H

Mein Versprechen, dem Kunden diesen Service zu bieten. H

c) Um Ihre geistige Gesundheit, Ehre und Energie wiederherzustellen, gehen Sie bei gebrochenen Vereinbarungen wie folgt vor:

Machen Sie es wieder gut. Tun Sie etwas, das Ihnen und der Person, gegen die Sie verstoßen haben, das Gefühl gibt, dass Sie es wieder gut gemacht haben.

Wenn Sie beispielsweise das Meeting letzte Woche ohne Absagen verpasst haben, teilen Sie der Person mit, dass es Ihnen leidtut und Sie beabsichtigen, dies durch eine Einladung zu einem besonderen Ereignis nachzuholen.

Wenn Sie bei einem Sportspiel geschummelt haben, organisieren Sie im Namen des Teams eine Wohltätigkeitsveranstaltung.

Wenn Sie einen Vertrag gebrochen haben, finden Sie Möglichkeiten, die Erwartungen, die in der Natur des Vertrags gelegen haben, zu übertreffen.

Denken Sie daran, dass Sie dies nicht nur für den anderen Menschen tun, sondern hauptsächlich, um Ihren eigenen Seelenfrieden wiederherzustellen, sozusagen Ihr karmisches Scheckbuch auszugleichen. Sie werden vielleicht keinen Schaden bemerken, wenn Sie Ihr Wort brechen, aber Ihr Unterbewusstsein nimmt es zur Kenntnis und es hat langanhaltende negative Auswirkungen, Versprechen zu brechen.

Einer dieser Effekte ist, dass Ihr Wort in den Augen Ihres Unterbewusstseins an Kraft verliert. Wenn Ihr Wort an Kraft verliert, lässt Ihre Fähigkeit, im Leben erfolgreich zu sein, nach. Wenn Sie ein »Verlierer«-Typ geworden sind, liegt es vielleicht daran, dass Sie zu viele gebrochene Vereinbarungen haben.

Schreiben Sie jetzt als Teil dieser Übung auf, wie Sie die gebrochene Vereinbarung ausgleichen könnten. Wenn die Person, mit der Sie die Vereinbarung gebrochen haben, nicht mehr am Leben oder in der Nähe ist, überlegen Sie sich etwas, um die Ehre Ihnen selbst oder dem Universum als solchem wiederherzustellen.

d) Bei gebrochenen Vereinbarungen, die Sie geheim gehalten haben: Schauen Sie sich den Gegenstand an, den Sie geheim gehalten haben. Und lassen Sie Schuld-, Scham- oder Angstgefühle in Ihrem Körper hochkommen. Erlauben Sie sich tatsächlich, die Empfindung zu spüren, anstatt sie zu unterdrücken. Wenn Sie es unterdrücken, bleibt es nur in Ihnen eingeschlossen. Stellen Sie sich vor, Sie geben Ihre gebrochene Vereinbarung gegenüber der anderen Person zu und sehen Sie, wie diese Emotionen hochkommen und herauskommen (wenn Sie Schwierigkeiten haben, damit umzugehen, lesen Sie bitte einige unserer Audio-Aufnahmen zum Thema Emotional-Clearing auf www.realitycreation.net). Sobald Sie sich erlaubt haben, die innere Angst zu spüren, auf der Ihre Handlungen basieren, entscheiden Sie sich, Ihre Handlungen aufzugeben, die auf Angst basieren. Dann schreiben Sie auf, ob Sie Ihre gebrochene Vereinbarung mitteilen oder weiter für sich behalten möchten.

Bitte beachten Sie, dass Sie dies nicht mitteilen müssen, wenn es zu größeren Umwälzungen oder Störungen in Ihrem Leben führt, als Sie im Moment bereit sind zu ertragen. Es wäre vorzuziehen, wenn Sie anderen gegenüber rein sind, aber wichtiger ist, dass Sie sich selbst gegenüber rein sind. Zuzugeben, dass Sie aus Angst ein Geheimnis bewahrt haben und keine Geheimnisse mehr haben möchten, ist wichtiger, als alle Geheimnisse der Vergangenheit zu enthüllen. Überlegen Sie, wie Sie Wiedergutmachung leisten können. Schreiben Sie auf, wie Sie Ihre Übertretung wiedergutmachen können. Wenn Sie sich entschieden haben, eine vergangene Übertretung nicht aufzudecken, finden Sie einen Weg, dies gegenüber dem Universum anstelle der bestimmten Person wiedergutzumachen. Wenn Sie diesen Prozess durchlaufen, fühlen Sie sich klarer und sauberer als je zuvor.

e) Für eingehaltene Vereinbarungen erkennen Sie an, dass Sie diese Vereinbarungen eingehalten haben. Es ist das Zeichen eines zivilisierten und disziplinierten Geistes, in der Lage zu sein, eine übereinstimmende Verbindung zwischen Ihnen und einem anderen Wesen aufrechtzuerhalten. Sprechen oder fühlen Sie für jeden Punkt auf Ihrer Liste Worte der Anerkennung für sich selbst. Wir haben im vorherigen Schritt Fälle von Scham und Schuld durchgemacht, also gleichen Sie das jetzt aus, indem Sie etwas Selbstachtung zulassen. Wenn es eine

Vereinbarung gibt, die Sie abgeschlossen, aber noch nicht eingehalten haben (z. B. ausstehende Zahlungen), äußern Sie Ihre Absicht, diese einzuhalten und zu achten. Sagen und entscheiden Sie laut; »Ich beabsichtige, diese Vereinbarung einzuhalten.« Wiederholen Sie es einige Male fest für jedes Element.

f) Prüfen Sie bei abgebrochenen Vereinbarungen, ob diese ordnungsgemäß abgebrochen wurden. Wenn Sie beispielsweise einen Dienst abonniert haben, besteht ein ordnungsgemäßer Vertragsabbruch darin, eine unterschriebene Kündigung des Dienstes bis zum im Vertrag vereinbarten Datum einzusenden. Ein unsachgemäßer Abbruch wäre, einfach mit dem Bezahlen aufzuhören. Ein unsachgemäßer Abbruch ist nicht wirklich eine abgebrochene Vereinbarung, sondern eine gebrochene Vereinbarung.

g) Vereinbarungen, die Sie ändern oder abbrechen möchten, sind ein wichtiger Aspekt zur Wiederherstellung Ihrer Integrität. Die meisten dieser Vereinbarungen wurden nicht in einem Zustand des authentischen Selbst getroffen, sondern als jemand, der Zustimmung sucht oder Kritik scheut. Machen Sie zu jedem Punkt eine kurze Notiz, wie die Vereinbarung abgebrochen werden soll. Und fahren Sie dann damit fort, es abzubrechen. Am Ende der Übung sollten Sie keine Bindungen mehr eingehen, die Sie nicht eingehen möchten. Wenn Sie sich zum Beispiel verpflichtet haben, Ihre Großmutter jeden Tag zu besuchen und ihr im Haushalt zu helfen, ist das eine ehrenvolle Absicht – es sei denn, Sie fühlen sich dabei nicht wirklich wohl. Wenn es sich tatsächlich wie eine Last statt wie ein Liebesakt anfühlt, schaden Sie nicht nur sich selbst, sondern auch Ihrer Großmutter, weil Sie überall Negativität ausstrahlen. Es kann etwas Mut erfordern, sich solchen Vereinbarungen zu stellen und sie abzubrechen. Aber es ist dieser Mut, der Ihre Integrität und Authentizität wiederherstellt.

Wiederherstellung Ihrer Prinzipien und Ethik

1. Listen Sie einige Prinzipien, Ethiken und Werte auf, die Sie haben, Dinge, für die Sie stehen, und notieren Sie, wie Sie diese zu Recht befolgt haben.
2. Listen Sie ein paar Prinzipien, Ethik und Werte auf, die Sie haben, Dinge, für die Sie stehen, und wie Sie Ihre eigenen Prinzipien gebrochen haben.
3. Listen Sie auf, wie Sie sich selbst symbolisch oder gegenüber den Geschädigten wiedergutmachen können. Machen Sie sich nicht für das Brechen Ihrer Prinzipien herunter, sondern machen Sie es einfach so, wie Sie es für ausreichend und angemessen halten. Stellen Sie Ihre Integrität wieder her.

Ihr Wort halten

Geben Sie Ihr Wort nicht, wenn Sie es nicht halten wollen oder nicht wissen, ob Sie es halten können. Ein einfaches Beispiel: Wenn Sie jemand fragt, ob Sie um 17 Uhr an einem bestimmten Treffpunkt sein können, sagen Sie nicht »Ja«, wenn Sie nicht sicher wissen, dass Sie dieses Versprechen halten können. Jedes Mal, wenn Sie Ihr Wort brechen, brechen Sie die Kraft und Wirkung, die Ihr Wort hat. Je öfter Sie dies tun, auch bei kleinen Dingen, desto weniger glaubwürdig sind Sie sich selbst gegenüber (und Sie werden anfangen, sich unbewusst zu sabotieren). Sobald Sie Ihr Wort gegeben haben, ehren Sie es, egal ob Sie Lust dazu haben oder nicht. Dies ist die Grundlage für gute Kommunikation, gute Beziehungen, gute Führung und ein gutes Leben.

Über Selbsttäuschung

Integrität steigert Ihre Leistung. Die Integrität, die Sie in ein Unternehmen oder eine Organisation einbringen, steigert die Leistung dieser Organisation. Wenn Sie die ganze Zeit denken, dass Sie eine integre Person sind, befinden Sie sich in einem Zustand der Selbsttäuschung. Von diesem Zustand aus kann man Integrität nicht richtig praktizieren. Die Behauptung, Sie hätten eine weiße Weste und seien frei von allen Übertretungen, garantiert, dass Sie es nicht sind und nicht sein werden. Die Natur des Egos ist Fehlbarkeit. Anstatt so zu tun, als hätten Sie keine Fehler oder sich selbst für Ihre Fehler herunterzumachen, erkennen Sie einfach an, dass Sie diese wiedergutmachen und weitergehen. Ich empfehle Ihnen den Kurs »Werte und Tugenden«, den Sie bei der Bestellung dieses Buches zusätzlich erhalten können. Ich empfehle Ihnen dringend, diese Lektionen in Ihr Führungsstudium aufzunehmen.

07 MACHEN SIE DAS, WAS AM MEISTEN WEHTUT

Wenn Sie Ihre Komfortzone verlassen und eine Führungspersönlichkeit sind, müssen Sie dorthin gehen, wo sonst niemand hingeht. Deshalb ist ein Anführer ein Wegbereiter – er wird an Orte gehen und Dinge reparieren, die sonst niemand zu berühren wagt.

Eine Freundin von mir hat ein natürliches Führungstalent. Das wurde mir eines Tages klar, als wir durch die Stadt gingen. Ein älterer Mann war auf dem Bürgersteig gefallen. Er konnte sich offensichtlich nicht mehr bewegen. Sein Kopf blutete und Blut tropfte auf den Bürgersteig. Ein Dutzend Leute standen einfach nur herum, erstarrt, unsicher, was sie sagen oder tun sollten. Sie standen minutenlang dort, ohne dass jemand etwas tat. Die Angst, etwas falsch zu machen, zu versagen oder sich die Hände schmutzig zu machen war einfach zu groß.

Meine Freundin handelte schnell. Sie nahm ihren Schal ab, hob den Kopf des Mannes an und bandagierte ihn, um den Blutfluss zu stoppen. Die Menge stand mit großen Augen da.

Dann gab sie ein Handzeichen, das einen Bus mitten auf der Straße stoppte. Sie sagte dem Busfahrer, er solle seinen Erste-Hilfe-Kasten herausholen. Dann befahl sie einem

Passanten in der Menge, sofort einen Krankenwagen zu rufen. Der Busfahrer folgte ihrem Befehl. Während sie den Mann bandagierte, kam immer noch niemand, um zu helfen oder Unterstützung anzubieten. In keinem von ihnen steckte Zivilheldentum.

Schließlich trafen Polizei und Sanitäter ein, übernahmen von dort aus den Job und gratulierten meiner Freundin zu ihrer möglichen Lebensrettung.

Diese kleine Szene werde ich nie vergessen, weil sie in nur fünfzehn Minuten alles gezeigt hat, was Leadership ist:

Meine Freundin hatte die Initiative ergriffen. Sie gab genaue Befehle. Sie handelte ohne zu zögern, weil die Situation prekär war. Sie wusste genau, was zu tun war. Sie hatte keine Angst, ihre Komfortzone zu verlassen. Was glauben Sie, wie sie sich auf dem Heimweg gefühlt hatte im Vergleich zu all den Leuten, die einfach erstarrt und unfähig herumstanden?

Übung:

Erstellen Sie eine Liste mit Dingen, die Sie bisher vermieden haben und von denen Sie glauben, dass diese Ihre Situation verbessern und Ihnen neue Fähigkeiten geben könnte. Suchen Sie diese Herausforderung aktiv und tragen Sie die Termine in Ihren Planer eine. So werden Sie schrittweise gesunden Stolz und Initiative sowie Integrität aufbauen.

08 EINE VISION GRÖSSER ALS SIE SELBST

Führung ist keine Position oder ein Titel. Wenn Sie Leadership nur in einer Autoritätsposition ausüben können, sind Sie kein Leader und werden es auch nie sein. Menschen, die Führung ausüben, können Titel gegeben werden, aber sie sind nur die äußeren »Requisiten« einer inneren Lebensweise. Führung muss unabhängig von den äußeren Umständen angenommen werden. Führung beginnt nicht vor tobenden Menschenmassen, sie beginnt bei sich selbst: Können Sie sich und Ihr Privatleben führen? Haben Sie die Kontrolle über Ihre Zeit, Aufmerksamkeit und Geld? Wer andere führen möchte, muss sich zuerst selbst führen.

Sind Sie in der Lage, Menschen zu führen, anzuleiten und zu beeinflussen, die nach allem Äußeren eine höhere Autorität zu haben scheinen?

Können Sie Kollegen und Chefs führen? Kunden? Die Familie? Sobald Sie sich im Kleinen bewiesen haben, werden Sie sich ganz natürlich zur groß angelegten Version von Leadership entwickeln. Führung bedeutet übrigens nicht nur, Entscheidungen zu treffen und andere dazu zu bringen, Ihren Entscheidungen zu folgen, sondern auch anderen Entscheidungsrechte einzuräumen. Wenn Sie Ihrem Angestellten das Recht einräumen, bestimmte Dinge selber zu entscheiden, üben Sie auch eine Führung aus, denn Sie gewähren diese Rechte. Ich sage dies, damit Sie nicht der falschen Vorstellung verfallen, dass Führung bedeutet, andere mit Ihren eigenen Entscheidungen zu überwältigen. Der Unterschied zwischen Management und Führung besteht darin, dass Management die Verwaltung des Status quo beinhaltet – so wie die Dinge bereits sind, und Führung erfordert, sich vorwärts zu bewegen und den Weg zu einem Ort jenseits und höher als den Status quo zu führen.

Führung ist ein Zustand des Seins, keine Handlung. Ihr »Beingness« (Sein) setzt sich aus Ihrem mentalen Zustand, Ihrem emotionalen Zustand und Ihrem physischen Zustand zusammen. Wichtig ist, was intern passiert. Ich empfehle daher, dass Sie sich bewusster werden, was in Ihnen vorgeht.

Nehmen Sie die Stimmung und das Energieniveau wahr, von dem aus Sie arbeiten, aus dem Sie kommen. Anstatt sich immer auf einen besseren Zustand zuzubewegen, versuchen Sie, aus einem besseren Zustand zu kommen. Ein Führer bringt einen besseren Zustand in eine Situation, anstatt zu versuchen, einen besseren Zustand aus der Situation herauszuholen. Auch wenn die meisten Leute denken, dass ihr Zustand von dem bestimmt wird, was um sie herum passiert, müssen Sie dies umkehren und erkennen, dass das, was um Sie herum passiert, von Ihrem Zustand beeinflusst wird. Ich empfehle Ihnen, über Tage und Wochen zu üben, um das, was Sie den ganzen Tag tun, zu unterbrechen und einfach Ihren Gesamtzustand zu überprüfen: Was sagt Ihnen Ihr Körper? Was sind Ihre tatsächlichen Gedanken? Wie ist Ihr emotionaler Zustand? Tun Sie dies, wenn Sie allein oder mit anderen zusammen sind. Tun Sie es an vielen verschiedenen Orten und Situationen des Tages, damit Sie sich unabhängig von den Umständen Ihres Zustands bewusst werden.

Der zweite Schritt besteht darin, zu erkennen, dass Ihr Seinzustand nicht fixiert ist und nicht auf die Umstände reagieren muss. Sie können Ihren Seinzustand jederzeit ändern. Alle Ihre Handlungen und Verhaltensweisen werden aus Ihrem Seinzustand erschaffen. Wenn Sie Ihren Seinzustand ändern, ändert sich die Art und Weise, wie Sie handeln und was Sie tun, und wenn Sie sich auf eine bestimmte Weise verhalten, ändert sich Ihr Seinzustand. Wenn Sie das »Sein« einer Führungskraft besetzen, werden entsprechende Handlungen und Handlungen folgen. Wenn Sie Führungskräfte studieren, studieren Sie nicht nur deren Handlungen. Überprüfen Sie, in welchem Seinzustand diese Handlungen entstehen. Wie die Vorder- und Rückseite Ihrer Hand entstehen Sein und Tun zusammen (anstatt das eine die »Ursache« des anderen zu sein) und werden durch die kontextuellen Überzeugungen und / oder Wahrnehmungen geschaffen, die Sie über jede Situation halten. Der Kontext verändert Ihre Wahrnehmung eines Ereignisses. Ihre Wahrnehmung eines Ereignisses beeinflusst Ihr Sein/Tun.

Der Kontext, in dem Führung entsteht, ist größer als Ihr Sein und Tun. Deshalb erreichen Menschen, die sich einer

Vision widmen, die größer ist als sie selbst, in der Regel Größe, Ruhm und Führungsqualitäten. Einige werden großartig geboren, aber die meisten beginnen als gewöhnliche Menschen und gehen über das hinaus, in das sie hineingeboren wurden. Wenn Sie denken, dass Sie etwas Besonderes oder Außergewöhnliches sein müssen, um eine Führungskraft zu sein, trennen Sie die Verbindung zu Ihrer Führungsrolle. Denn alle Führungskräfte sind normale Menschen, keine außergewöhnlichen Menschen. Dieses grundlegende Missverständnis wird dazu führen, dass 99% der Bevölkerung niemals irgendeine Art von Führung im Leben erreichen. Ihr Denkfehler besteht darin, dass sie außergewöhnlich sein müssen und nicht nur ihr wahres und echtes und authentisches Selbst. Wenn Sie eine Führungspersönlichkeit sein wollen, müssen Sie nicht außergewöhnlich sein, sondern Ihre Vision. Sie können immer noch die normalen Dinge tun, die alle anderen tun - essen, schlafen, atmen -, aber Ihre Karriere muss etwas Höheres sein als Ihre täglichen Probleme. Es muss um etwas Höheres und Größeres gehen als um Ihre eigenen Ziele. Größer als Ihre Sehnsucht nach Ruhm, Position, Geld, Macht, Autorität. Sobald Sie diesen Kontext für Ihr Leben und Ihre Beziehungen geschaffen haben, stellt sich Führung leicht ein. Anders ausgedrückt: Niemand wird Ihnen folgen, wenn Ihr Hauptanliegen Ihre alltäglichen Aufregungen und Wünsche sind. Schaffen Sie etwas, dem Sie Ihr Leben widmen können, das größer ist als Ihre persönlichen Anliegen, sonst werden Sie nie eine Führungspersönlichkeit.

Alle Menschen, die wir als große Führer betrachten, waren mit Themen beschäftigt, die viele und über lange Zeiträume hinweg betreffen. Es ging nicht um die alltäglichen Schnappschüsse, sondern um das Gesamtbild, den ganzen Film. Wofür wären Sie bereit, Ihr Leben zu geben?

Sobald Sie diesen Kontext und diese Vision geschaffen haben, erwarten Sie von niemand anderem, dass er so groß denkt. Die Menschen werden immer noch mit ihren täglichen Sorgen beschäftigt sein. Ihre Follower (Anhänger) werden keine so hohe Vision haben wie Sie. Das ist in Ordnung. Verurteile Sie sie nicht dafür.

Übung

Stellen Sie sich die höchste Version Ihrer selbst vor. Stellen Sie sich vor, Sie gehen auf sich zu. Eine ältere, klügere und mächtigere Version Ihrer selbst. Die Version Ihrer selbst, die alle persönlichen Fragen bereits geklärt hat. Nehmen Sie dann deren Standpunkt ein. Schlüpfen Sie in deren Haut und schauen Sie aus deren Augen. Betrachten Sie von diesem Standpunkt aus Ihr aktuelles Leben. Schreiben Sie aus dieser Sicht ein Leitbild darüber, was Ihre höchste Vision für Ihr Leben und das Leben auf der Erde ist. Wenn Sie Unterstützung benötigen, um diesen höheren Standpunkt einzunehmen, beziehen Sie sich auf mein Audio-Programm »Higher Self Meditation«, das auf www.realitycreation.net verfügbar ist.

Suchen und finden Sie wenigstens eine Vision in Ihrem Leben und verbesserungswürdige Tatsachen im Leben im Allgemeinen, die über Ihre persönlichen Sorgen hinausgeht. Etwas, das die Lebensqualität aller Menschen erhöht, die Sie berühren. Drücken Sie Ihre Absicht aus, Ihrer Vision trotz Rückschlägen und Widerständen zu folgen. Definieren Sie, dass Opposition Sie nicht erschöpft, sondern Ihre Entschlossenheit stärkt. Fügen Sie Ihrem Leitbild einen Ethikkodex hinzu. Wenn Sie nichts befolgen, werden Sie nicht verfolgt. Aber sobald Sie in einem größeren Kontext als dem begrenzten Selbst operieren, verschwört sich das gesamte Universum, um Sie zu unterstützen.

Übung:

Niemand folgt jemandem, der nicht ein höheres Ziel verfolgt. Um ein Anführer zu werden, müssen Sie einem besonderen Prinzip folgen (wenn Sie Anhänger haben wollen). Schreiben Sie ein persönliches Leitbild, in dem Sie Ihren Lebenszweck, Ihre Werte, Ihre Ziele, Ihre Prinzipien und Ihre Überzeugungen umreißen und definieren. Wenn Sie ein Unternehmer sind, schreiben Sie ein weiteres Leitbild für Ihr Unternehmen - eines, das Sie auch der Öffentlichkeit zeigen können. Diese Übung erweitert Ihren Realitäts- und Orientierungssinn.

Übung

Schlagen Sie jede der folgenden Charaktereigenschaften in einem Wörterbuch oder bei Google nach. Erfahren Sie, was diese Merkmale bedeuten und lernen Sie Synonyme für diese Wörter. Weisen Sie dann jedes Wort einer bestimmten Woche des Kalenders oder Ihres Terminkalenders zu. Denken Sie in den Wochen, denen Sie sie zugewiesen haben, an diese Eigenschaft und üben Sie diese bei den richtigen Gelegenheiten.

Mäßigkeit, Güte, Toleranz, Belastbarkeit, Seelenstärke, Humor, Loyalität.

Sie können der Liste weitere positive Charaktereigenschaften hinzufügen, wenn Sie diese Grundpfeiler der persönlichen Kraft geübt und integriert haben.

Damit ist der Kurs Werte und Tugenden abgeschlossen. Wenn Sie die angewandten Lektionen als sehr stärkend erlebt haben, werden Sie sich auch für »The Excellence Cours« interessieren, der ein ähnliches Format bietet.

09 DIE ENERGIE

Natürlich nützt das alles nichts, wenn Sie nicht die Energie haben, es umzusetzen. Im Folgenden werde ich beschreiben, wie Sie Energie sparen und aufbauen können, um Ihr Denken, Sprechen und Handeln in Ihre Vision zu investieren.

Übung 1

Der erste Hinweis ist, sich auf den Aufbau eigener Werte, Kultur und Ziele zu konzentrieren, anstatt zu versuchen, andere zu besiegen. Streichen Sie andere aus Ihrem Wortschatz, wenn Sie schlecht über jemanden reden. Erstellen Sie eine Liste von zehn Fällen, in denen Sie andere Leute, Organisationen oder Ideen schlecht gemacht haben. Listen Sie dann unter jedem Punkt etwas Positives auf, das Sie stattdessen über sich selbst, Ihre Organisationen oder Ideen sagen würden. Indem Sie andere schlecht reden, verschwenden Sie Energie an andere. Indem Sie Ihre eigenen Visionen gut reden, lenken Sie Energie auf diese Visionen.

Übung 2

Wenn zwei Kräfte kollidieren, gewinnt die Person mit mehr Glauben und Energie. Versuchen Sie als Übung, mindestens zehn Personen von etwas zu überzeugen, von dem sie vorher nicht überzeugt waren. Es kann Monate dauern, bis Sie diese Technik abgeschlossen haben. Aber es wird Ihren Überzeugungsmuskel trainieren und Ihnen beibringen, welche Sprechstrategien funktionieren und welche nicht.

Übung 3

Sie sind nicht auf der Welt, um zu nehmen und zu wollen, sondern um Service anzubieten. Wenn Sie nichts Wertvolles zu bieten haben, wird Ihnen niemand folgen, Ihnen zuhören oder bei Ihnen kaufen. Bitte listen Sie auf, welchen Wert die Menschen bereits haben oder haben könnten, wenn sie mit Ihnen interagieren, Ihnen zuhören, mit und für Sie arbeiten.

Übung 4

Die Grundlage der Ausführung ist Einfachheit. Wenn die Dinge zu mysteriös oder kompliziert werden oder zu viele unbekannte Faktoren im Spiel sind, erstickt dies die Produktivität und die Entscheidungsfindung. Halten Sie Verfahren, Dokumentationen und Prozesse jederzeit einfach. Wenn Sie ein Produkt oder eine Dienstleistung anzubieten haben, reduzieren Sie es auf ein paar einfache Schritte oder Optionen zur Auswahl. Überfordern Sie Ihr Publikum nicht. Sprechen Sie die einfache Sprache der Menschen auf der Straße. Machen Sie sich mit einigen Grundprinzipien vertraut und vergessen Sie alles andere. Wiederholen Sie diese Grundprinzipien immer wieder aus verschiedenen Blickwinkeln.

Um dies zu üben, überprüfen Sie Ihr Geschäft, Ihre Vision, Ihr Produkt oder Ihre Dienstleistung nach den Kriterien »Weniger ist mehr« und sehen Sie, welche Ablenkungen und unproduktiven Bemühungen Sie vermeiden können.

Übung 5

Tun Sie nicht, was alle anderen tun. Tun Sie a) was die Besten tun und b) was sonst niemand tut. Ergreifen Sie die Initiative, indem Sie selbst definieren, wie Sie dieses Prinzip in die Praxis umsetzen können.

Übung 6

Können Sie mit Begeisterung kommunizieren, wer Sie sind und was Sie tun? Wenn nicht, üben Sie das. Die Leute sollten wissen, wer Sie sind und was Sie tun und warum Sie dabei leidenschaftlich und mitfühlend sind. Gehen Sie nach folgenden Kriterien vor: Erinnern sich die Leute noch Monate nach dem Gespräch an Ihr Produkt, Ihre Dienstleistung oder Ihre Vision?

Übung 7

Umfassen Sie disruptive Menschen, sie sind eine Bereicherung. Umarme Veränderungen. Umarme Widerstand. Nehmen Sie Einwände an. Seien Sie furchtlos und unermüdlich. All diese Blöcke sind tatsächlich Sprungbretter zur Erfüllung. Sie müssen auch nicht von allen gemocht werden. Denken Sie auch daran, dass schlechte Entscheidungen besser sind als Unentschlossenheit. Ein unentschlossener Führer ist überhaupt kein Führer. Die Leute warten auf Ihr Stichwort. Alle Menschen, die Sie treffen, haben etwas Nützliches beizutragen, ob Sie das sehen oder nicht.

Übung 8

Lernen Sie, was Sie kontrollieren können und was Sie nicht kontrollieren können, und widmen Sie sich nur dem, was Sie kontrollieren können, während Sie den anderen Teil dem Universum überlassen.

Übung 9

Behalten Sie die Kontrolle, indem Sie sicherstellen, dass selbst das Unvermeidliche etwas zu sein scheint, das Sie gewählt haben.

Über den Autor

Frederick E. Dodson wurde 1974 in den USA geboren. Er liebt es, das Leben aus vielen verschiedenen Blickwinkeln zu betrachten und spirituelles Wissen in die Praxis des Alltags umzusetzen, anstatt der »9 to 5«-Routine eines »festen Arbeitsplatzes« zu folgen. In seinen Zwanzigern schrieb und veröffentlichte er 15 Bücher und hielt viele hundert Workshops, Vorträge und Seminare zum Thema »Reality Creation« ab. In letzter Zeit hat er sich jedoch etwas vom Unterrichten zurückgezogen und führt nur einen Kurs pro Jahr durch. Er hat angefangen, »Freude zu erleben« höher zu bewerten als »andere zu lehren«. Warum? Weil jeder seine eigene Version der Wahrheit hat und der Zweck seines Lebens nicht darin besteht, andere dazu zu bringen, ihm zuzustimmen, sondern Spaß zu haben. Seine Lieblingsbeschäftigungen in der Zwischenzeit sind Tauchen, Surfen im Internet, Schreiben, Sammeln von Filmen, Reisen und luzides Träumen.

Wenn Ihnen dieses Buch gefallen hat und Sie mehr erfahren möchten, besuchen Sie seine Website unter:

www.realitycreation.org

WEITERE TITEL DES AUTORS BEI FRANZIUS

»Increase your Energy: Mehr Gesundheit, Erfolg und Glück – Deutsche Erstausgabe« von Frederick Dodson

Der Schwerpunkt dieses Buches liegt auf der Steigerung der eigenen Energie, des Bewusstseins und der eigenen Gesundheit. Es deckt ein breites Spektrum an Themen ab: von Gewichtsabnahme über das Loslassen von Ängsten und Sucht bis hin zu Glückszuständen und darüber hinaus noch vielen mehr. Hier werden zahlreiche Techniken und Prinzipien offengelegt, die in mehr als dreißig Jahren der Bewusstseinsforschung vom international bekannten Autor und Speaker Frederick Dodson erprobt wurden.

- Erreiche die geistige Entspannung, die Überfluss magnetisch anzieht.
- Lerne die Leichtigkeit des Experten, die entspannte Haltung des Milliardärs, die mühelose Ausstrahlung derer, die wissen, dass sie attraktiv sind und die innere Sicherheit derer, die sich in sich selber wohlfühlen.
- Lerne, wie du Furcht und Angst löst.
- Überwinde die Angst vor Zurückweisung, heile das festgefahrene Gefühl von Scham, und Wertlosigkeit und stoppe das Schuldgefühl.
- Lerne die Faktoren kennen, die dein Glücklichsein beeinflussen - und lerne, deine Energiezentren zu aktivieren.
- Lerne die Handlungen zur Selbstermutigung kennen.
- Erfahre, wie du am Morgen frisch und voller Energie sein kannst.
- Lese die Tipps, wie du durch die Veränderung deiner Geisteshaltung nachhaltig abnehmen kannst.
- Finde Antworten auf die Fragen, was dein Leben einzigartig macht und was deine Mission ist

Taschenbuch A5, ca 292 Seiten, ISBN: 978-3-96050-136-7
Aus dem Englischen übersetzt von Petra Liermann

»Magnetic Wealth Attraction – Sei ein Magnet für Wohlstand, Überfluss und Fülle - Deutsche Erstausgabe«

Die Regeln des Reichtums sind seit tausenden von Jahren dieselben. Lerne universelle Denkweisen, die deinen finanziellen Überfluss steigern, unabhängig davon, wer du bist und wo du dich befindest.

Du wirst mit diesem Buch lernen, mehr Vertrauen in deine Fähigkeit zu setzen, deinen Mitmenschen einen einzigartigen Dienst zu erweisen. Ebenso wird dir ein umfassendes Wissen über einfache Geschäftsmodelle, die immer funktionieren, sowie die Fähigkeit, passives Einkommen zu generieren, vermittelt. Du kannst dir die Fähigkeit aneignen, deine Glaubensmuster rund um das Thema Geld für einen lebenslangen Geldfluss grundlegend zu ändern.

Taschenbuch A5, ca 144 Seiten, ISBN: 978-3-96050-180-0
Aus dem Englischen übersetzt von Petra Liermann

Auch als Hörbuch erhältlich!
Hörbuch CD mit mp3-Dateien
Spieldauer 3h26min
Gelesen von Florian Hartnack
ISBN: 978-3-948464-26-4

Als digitales Download bei den großen Online-Portalen wie beispielsweise audible, Weltbild, deezer, Thalia und BookBeat u.v.m. ISBN 978-3-948464257

»Handbuch Kommunikation«

Wie Sie Ihre Ausstrahlung, Stimme und den Wortschatz verbessern sowie Präsenz, Integrität und Authentizität erlangen

Die Kunst der Kommunikation und Ihr Selbstvertrauen stehen in direktem Bezug zu dem, was Sie sagen und tun. Alles ist eine Frage des Bewusstseins und des Energieaustauschs.
Dieses Buch behandelt alles, was Sie über Kommunikation wissen wollten, das nicht in akademischen oder Firmenkursen gelehrt wird, weil das Basiswissen Vorstellungen von »Bewusstsein« und »Energie« verwirft.
- Lernen Sie, positive Schwingungen auszusenden und negative zu neutralisieren.
- Lernen Sie öffentlich und frei zu sprechen
- Stärken Sie Ihre Aura und Präsenz.
- Entwickeln Sie Humor und Integrität, um in Ihrer Präsenz spontan und überzeugend zu sein.

Taschenbuch A5, ca 200 Seiten, ISBN: 978-3-96050-223-4
Aus dem Englischen übersetzt von der Franzius Verlag GmbH

WEITERE RATGEBER BEI FRANZIUS

TOP-NOVITÄT 2022!

»Nicht offensichtliche Megatrends – Wie man erkennt, was andere übersehen, und die Zukunft vorhersagt«
Deutsche Erstausgabe des Titels »Non Obvious Megatrends: How to See What Others Miss and Predict the Future«
Von Rohit Bhargava
Aus dem Englischen übersetzt von der FRANZIUS Verlag GmbH
A5-Format, ca 300 Seiten
ISBN 978-3-96050-198-5 (Hardcover)
ISBN 978-3-96050-091-9 (Softcover)

Rohit Bhargava ist ein Innovations- und Marketingexperte und der Gründer der Non-Obvious Company. Er verbrachte 15 Jahre als Marketingstratege für Ogilvy und Leo Burnett, ist der Bestsellerautor des Wall Street Journal für sechs Geschäftsbücher und unterrichtet Marketing und Innovation an der Georgetown University.

In den letzten zehn Jahren hat Rohit Bhargavas jährlicher Non-Obvious Trend Report dazu beigetragen, dass über eine Million Leser mehr als 100 Trends entdeckt haben, die unsere Kultur derzeit prägen. Was wäre, wenn auch Sie die Trends vorhersagen könnten, die Ihr Geschäft verändern können?

Diese Sonderausgabe (zum 10-jährigen Jubiläum) bietet einen beispiellosen Blick hinter die Kulissen der Heuhaufen-Methode des Autors, um Trends zu identifizieren und zu lernen, wie Sie Trends selbst kuratieren und vorhersagen können. Sie müssen kein Futurist oder Innovator sein, um zu lernen, wie man wie einer denkt.

Der Schlüssel zum Wachstum Ihres Unternehmens oder zur Förderung Ihrer Karriere in den nächsten zehn Jahren liegt im besseren Verständnis der Gegenwart. Die Zukunft gehört den nicht offensichtlichen Denkern und dieses Buch ist Ihr Leitfaden, um einer zu werden.

Der Autor beschreibt in seinem Buch nicht nur die Trends, sondern auch **die gesellschaftlichen Auswirkungen** sowie die Herausforderungen, die an die Unternehmen und die Mitarbeiter gestellt werden. Und er gibt einen Leitfaden an die Hand, wie Sie auf darauf reagieren und selbst neue Trends entdecken können, bevor andere es tun. Diese Jubiläumsausgabe hat es in sich:

- Der Autor gewährt einen Einblick in die Methodik, die auch für Laien sehr gut nachvollziehbar ist.
- Es warten **10 MEGA-Trends** auf den Leser, die kaum spannender sein könnten.
- Ein Rückblick führt **alle Trends der letzten 10 Jahre** auf und gibt eine Bewertung, wie gut sich die Trendvorhersagen über die Jahre bewährt haben.
- Ein Vorwort über Covid-19 rundet das Bild ab. Denn diese Zeit hat einige der Trends beschleunigt.

Die englische Originalausgabe war **Finalist** bei den "**International Book Awards**" und den "**National Indie Excellence Awards 2019**" und schaffte es auf die Bestseller-Liste der "Washington Post".

»30 Tage, um eine Katze zu werden« von Stéphane Garnier
Mein Übungsbuch, um mich weiterzuentwickeln und zu erstrahlen

»Es ist entschieden, morgen bin ich eine Katze.«

Was wäre, wenn wir zustimmen würden, unseren menschlichen Zustand in Frage zu stellen, um uns – sanft aber überzeugend – katzenhafter zu verhalten? Denn die Katze hat alles verstanden: Sie ist frei, ruhig, aufmerksam, vorsichtig, elegant, charismatisch, unabhängig, stolz, autonom ... So viele beneidenswerte Eigenschaften, die Sie leicht entwickeln können, indem Sie sich täglich von ihr inspirieren lassen.

Dies ist ein praktisches und humorvolles Notizbuch, um uns in die Lage unserer Katzen zu versetzen und unsere Augen für die manchmal sehr oberflächliche Natur unserer eigenen menschlichen Aktivitäten zu öffnen.

ZAHLREICHE PRAKTISCHE ÜBUNGEN, UM DIE LEBENSART DER KATZE ZU BEOBACHTEN, ZU ERWERBEN, VERÄNDERUNGEN ZU AKZEPTIEREN – UM ZU ERSTAHLEN!

Unfassbar schöne Illustration auf jeder Seite runden dieses Werk ab und machen es zu einem Meisterwerk der Lebenskunst.

Wie Stéphane Garnier, Autor des Bestsellers »Acting and Thinking Like a Cat«, schreibt: »Wir wissen: Katzen haben immer Recht!«

Hardcover A5, ca 264 Seiten, ISBN: 978-3-96050-228-9

»200 Ratgeber oder dieser« von Dr. Florian Hartnack

Die Essenz aus über 200 Ratgeber-Bestsellern zu den Themen: Glück, Gelassenheit, Gesundheit, Schlaf, Ernährung, Stress, Bewegung, Zeitmanagement, Kommunikation, Beziehungen, Erziehung und Finanzen. Mit Literaturtipps!
Ihr WEG zu GLÜCK, GESUNDHEIT und ERFOLG beginnt HIERMIT!

Es existieren hunderte Ratgeber mit Tipps für ein gesundes, erfolgreiches und glückliches Leben. Doch welche Tipps sind wirklich neu und relevant? Welche Hinweise sind essenziell? Und muss man wirklich viele Ratgeber lesen? Oder nur diesen einen?

Der Lehrer und Wissenschaftler Dr. Florian Hartnack hat über Jahre hinweg viele erfolgreiche Ratgeber analysiert und die Tipps selbst ausprobiert. In diesem Buch fasst er die Kernaussagen aus über 200 Ratgebern zusammen:

- Gelassenheit und Glück durch Achtsamkeit und Meditation
- Gesundheit: Ernährung, Bewegung, Stressbewältigung und Schlaf
- Erfolg: Effektives Zeitmanagement, Kommunikation und Kompetenz

- Erziehung und Beziehungen: Elternschaft, Liebe, Partnerschaft
- Finanzen: Schritt für Schritt-Anleitung zum finanziellen Erfolg

Dieser Ratgeber enthält geballtes Wissen für alle Lebensbereiche – verständlich geschrieben und sofort umsetzbar.
Selbstverständlich befinden sich im Anhang ein umfangreicher Quellennachweis und weitere Literaturtipps zum Vertiefen der Kenntnisse.
Nehmen Sie Ihr Leben mit Leichtigkeit selber in die Hand. Optimieren Sie sich selber! Und sparen dabei Zeit.
Hardcover A5, ca 200 Seiten ISBN: 978-3-96050-218-0
Softcover A5, ca 200 Seiten, ISBN: 978-3-96050-217-3

»Enneagramm und Hochsensibilität - Die neun Persönlichkeitstypen und ihr Entwicklungspotenzial« von Dr. Marianne Skarics

Das Enneagramm ist ein sehr altes System zur Selbstfindung und zum besseren Verständnis unserer Persönlichkeitsmuster. Es unterscheidet neun grundlegende Charaktertypen und zahlreiche Untertypen.

Doch das Enneagramm beschreibt die Persönlichkeitstypen nicht nur, sondern es erklärt, warum wir sind wie wir sind. Es deckt also unsere Motive, Ängste, Grundbedürfnisse und Abwehrmechanismen auf und veranschaulicht unsere Entwicklungsmöglichkeiten.

Dem eigenen Enneagrammtyp samt Untertyp auf die Spur zu kommen, bedeutet daher auch, sich selbst und seine Problembereiche besser zu verstehen sowie Wege zur optimalen Entfaltung der Persönlichkeit und des eigenen Potenzials zu erkennen.

Frau Dr. Skarics stellt in diesem Buch das Enneagramm in seiner ganzen Tiefe und Komplexität umfangreich vor, und sie verbindet erstmals dessen neun Persönlichkeitstypen mit der Thematik der Hochsensibilität.

Anhand des Enneagramms können die Unterschiede zwischen Hochsensiblen beschrieben und die verschiedenen Ausprägungsarten von Hochsensibilität auf anschauliche Weise erklärt werden. Dadurch ist es möglich, die eigene ganz spezielle Form der Hochsensibilität weitaus tiefgreifender zu verstehen. Zugleich bedeutet dies eine

Erweiterung des Enneagrammwissens um die Dimension der Hochsensibilität.

Ein Buch, das viele Aha-Momente beschert und Möglichkeiten zur optimalen Persönlichkeitsentfaltung aufzeigt. Mit zahlreichen Tipps und Übungen für alle Enneagrammtypen sowie Zusatzübungen für die hochsensiblen Vertreter aller Typen stellt es eine wertvolle praktische Lebenshilfe und Anregung zu persönlichem Wachstum dar.

Dr. Marianne Skarics studierte Publizistik- und Kommunikationswissenschaft, Soziologie, Philosophie und Pädagogik an der Universität Wien. Sie ist HSP-Expertin der ersten Stunde und beschäftigt sich seit 20 Jahren mit dem Enneagramm. Drei Bücher sind bereits von ihr erschienen, darunter das sehr erfolgreiche Buch »Sensibel kompetent - Zart besaitet und erfolgreich im Beruf«.
ca 340 Seiten
Softcover A5, ISBN: 978-3-96050-170-1
Hardcover, A5, ISBN: 978-3-96050-215-9

»Verschenke deine Zeit sinnvoll – Die Kunst, Zeit bewusst in das zu investieren, was dich erfüllt«
Von Regula Meile
A5 Format, ca 276 Seiten
Hardcover ISBN: 978-3-96050-233-3

»Entzündungen natürlich behandeln – Die grüne Taschenapotheke«
Von Prof. Dr. Nadine Berling
ca 132 Seiten, mit 24 schwarz-weiß Fotos
Softcover A5, ISBN: 978-3-96050-210-4
Hardcover A5, ISBN: 978-3-96050-203-6

»Wenn Millennials übernehmen - Bereiten Sie sich auf die amüsant einfache Geschäftswelt der Zukunft vor (Deutsche Erstausgabe)«
Von Jamie Notter und Maddie Grant
A5-Format, ca 240 Seiten
Aus dem Englischen übersetzt von der FRANZIUS Verlag GmbH
Hardcover A5, ISBN: 978-3-96050-208-1
Softcover A5, ISBN: 978-3-96050-206-7

»Grenzenlos – Wie man seine Berufung findet und mit drei weiteren essentiellen Faktoren die individuelle Balance schafft, um im völligen Einklang mit dem eigenen Leben zu sein« von Laura Gassner Otting (Deutsche Erstausgabe)
A5-Format, ca. 150 Seiten
Aus dem Englischen übersetzt von der FRANZIUS Verlag GmbH
Hardcover A5, ISBN: 978-3-96050-197-8
Softcover A5, ISBN: 978-3-96050-192-3

»Das Handbuch der ketogenen Ernährung«
von Fabrizio P. Calderaro
Taschenbuch, ca. 220 Seiten, ISBN: 978-3-96050-071-1

»KETOGA - Ketogene Ernährung und Yoga«
von Fabrizio P. Calderaro
Taschenbuch, ca. 348 Seiten, ISBN: 978-3-96050-120-6

»Elternratgeber«
von Yngra Wieland
Kinder selbstbewusst begleiten –
Wie Eltern die »Copy-Paste-Falle« vermeiden

»Weiblichkeit leben«
Zurück in die Steinzeit oder vorwärts in ein neues Leben
von Petra Liermann
Taschenbuch, 116 Seiten, ISBN: 978-3-96050-067-4

»Eine Seele in zwei Körpern«
Der Weg der Dualseelen in eine glückliche Beziehung
von Petra Liermann
Taschenbuch, ca 230 Seiten, ISBN: 978-3-96050-118-3

»Eine glückliche Seele in zwei Körpern«
Dualseele 2.0
von Petra Liermann
Taschenbuch, ca 108 Seiten, ISBN: 978-3-96050-178-7

Novitäten 2021 / 2022 im Franzius Verlag

Romane

»Blutspur 629«, Band 3 der »Rich & Mysterious«-Reihe
Krimi von Neal Skye, ISBN 978-3-96050-214-2

»Shitstorm – Ein Edda Valby Krimi«
Schweden-Krimi von Neal Skye, ISBN 978-3-96050-232-6
Erscheint voraussichtlich im Mai 2022

»Die Siegel Asinjas Teil 3: Die Macht der Dämonen«
Fantasy-Roman / Young Adult von Andi LaPatt
ISBN 978-3-96050-212-8

»Fette Sau – Ich bin gegen Mobbing, und Du?«
Roman von Christiane Kromp, ISBN 978-3-96050-201-2

»Nachbeben –
Oder gehört das ganze Leben in die Änderungsschneiderei?«
Roman von Sybille Statz, ISBN 978-3-96050-192-2

»Endstation Himmel«
Roman von Angelika Lorenz, ISBN 978-3-96050-186-2

Kinder- und Jugendbücher

»Acello und das alte Museum«
Band 5 der »Acello«-Reihe
Von Mirjam Wyser, ISBN 978-3-96050-220-3

»Die Kristallkinder und die Suche nach dem Gralskelch«
Band 4 der »Kristallkinder«-Reihe
(mit 12 ganzseitigen Illustrationen von Gabriele Merl)
Von Mirjam Wyser, ISBN 978-3-96050-227-2